科普理论与实践研究

RESEARCH ON SCIENCE POPULARIZATION THEORY AND PRACTICE

运营科普新媒体

周荣庭 著

OPERATING
NEW MEDIA
FOR SCIENCE
POPULARIZATION

中国科学技术出版社
·北 京·

图书在版编目（CIP）数据

运营科普新媒体 / 周荣庭著 . —北京：中国科学技术出版社，2020.5

（科普理论与实践研究）

ISBN 978-7-5046-8398-4

Ⅰ. ①运… Ⅱ. ①周… Ⅲ. ①传播媒介—应用—科普工作—研究 Ⅳ. ① G316

中国版本图书馆 CIP 数据核字 (2019) 第 217896 号

策划编辑	王晓义
责任编辑	罗德春
装帧设计	中文天地
责任校对	杨京华
责任印制	徐　飞

出　　版	中国科学技术出版社
发　　行	中国科学技术出版社有限公司发行部
地　　址	北京市海淀区中关村南大街16号
邮　　编	100081
发行电话	010-62173865
传　　真	010-62173081
网　　址	http://www.cspbooks.com.cn

开　　本	710mm × 1000mm　1/16
字　　数	240千字
印　　张	14.25
版　　次	2020年5月第1版
印　　次	2020年5月第1次印刷
印　　刷	北京华联印刷有限公司
书　　号	ISBN 978-7-5046-8398-4 / G·826
定　　价	88.00元

丛书说明

《科普理论与实践研究》丛书项目是为深入贯彻实施《全民科学素质行动计划纲要实施方案（2016—2020年）》，推进科普人才队伍建设工程，在全国高层次科普专门人才培养教学指导委员会指导下，中国科学技术协会科学技术普及部和中国科学技术出版社共同组织实施，清华大学、北京师范大学、北京航空航天大学、浙江大学、华东师范大学、华中科技大学等全国高层次科普专门人才培养试点高校积极参与，在培养科普研究生教学研究成果的基础上，精心设计、认真遴选、着力编写出版的第一套权威、专业、系统的科普理论与实践研究丛书。

该丛书获得了国家出版基金的出版资助，彰显了其学术价值、出版价值，以及服务公民科学素质建设国家战略的重要作用。

该丛书包括20种图书，是科普理论与实践研究的最新成果，主要涵盖科普理论、科普创作、新媒体与科普、互联网+科普、科普与科技教育的融合，以及科普场馆中的科普活动设计、评估与科普展览的实践等，对全国高层次科普专门人才培养以及全社会科普专兼职人员、志愿者的继续教育和自我学习提高等都具有较高的参考价值。

前　言

新媒体是与“旧媒体”对应的概念，刚上大学时，我接触到的是 Apple II、X86 系列个人计算机所演绎的“多媒体”，当留校后开始讲授“计算机信息处理”“网络出版”等课程时，我有幸见证了从星星之火到燎原之势的“数字媒体”普及！当关注 Web 2.0 技术的社会实践后，我也感受到“社交媒体”对社会产生的深刻变革！今天，我们已经在体验移动通信、物联网、人工智能、大数据等技术带来的媒体融合！我们利用“新媒体”开展科普实践，使科普实践逐步拥有了无限的潜力！

科普攸关国民的科学素质、国家的科技创新能力和社会生活品质。自 1990 年在中国科学技术大学接触科技情报、科技编辑以来，在司有和、汤书昆等老师的引领下，我开始关注科学传播。从 1995 年参与全国科技传播学会（现更名为中国科技新闻学会科技传播理论专业委员会）的筹建活动以来，我的教学、科研始终与科普结缘。我在科普领域的研究、应用创新和实践受益于《全民科学素质行动计划纲要（2006—2010—2020 年）》的颁布与落实，得益于中国科学技术协会、中国科学院科学传播局、中国科普研究所的持续项目支持！

我的科研团队将新媒体创新聚焦科普领域，于是有了《运营科普新媒体》的创作冲动。我们站在运营者的角度，关注科普新媒体的发展概况、创意策划与生产、传播与运营；关注传统媒体向科普新媒体转向和科普新媒体的创新应用；从产业的视角探讨新媒体环境下科普发展的特性与趋势。

实际上，我们在中国科学技术大学的产学研实践为本书的创作提供了良好的基础。科技传播与科技政策系历经 30 余载的发展，初步形成本科、硕士研究生、博士研究生贯通的人才培养体系。在学校力推“新文科”的发展过程中，科技传播与科技政策系聚焦科学传播与科学教育研究与教学。与此紧密配合，中国科学技术大学先进技术研究院新媒体研究院践行“新媒体 + 科学传播”“新媒体 + 科学教育”，使该系成为新媒体教育实践基地（2019 年 8 月被评为安徽省省级高等教育优秀质量工程项目）。今年 8 月，该系承办了大型学习型“未来媒体”夏令营，组织中国科学技术大学相关教师、新媒体研究院研发人员开展工作坊与传统教学模式交叉授课，通过媒体创新、科学影像、AR 技术、XR 平台等方面的新技术、新成果和新理念探索新媒体的创新应用。通过持续将研究、教学聚焦在新媒体环境下的科学传播和科学教育等领域，致力于为社会培养科学传播和科学教育方面高层次、紧缺型人才也成为我们创作《运营科普新媒体》的动力源泉。

中国科学技术大学终身学习实验室的众多成员参与了本书的撰写。博士生宋怡然、王中贝先后主持了每周例会，会上对书稿进行研讨。两年多来不断调整、数易其稿。本书的第一章由王中贝撰写、第二章由博士生顾斐和孙松撰写、第三章由胡贤凤和王叶竹撰写、第四章由博士生何同亮和王慬撰写、第五章和第六章由周荣庭撰写，最后由周荣庭审查并统稿。本书在撰写过程中，博士生宋怡然、硕士生周宏远、杨乙霖、张楠、李珮、张欣宇、徐凌、白超昀、柏江竹参加了资料的整理和案例的梳理。本书的创作也凝结了中国科学技术大学终身学习实验室师生团队的科研心血，为本书提供研究成果支持的实验室成员有黄雯、谢栋、潘琳、谢广岭、方可人、秦枫、李雅筝、童云、韩飞飞、吴江江、曹晔华、曹雅慧、刘雪琛、郭璐、何登健、刘相法、鄂雁祺、孙大平、路宇波、郑斌、牛艳芹、黄梦喆、徐明杰、丁献美、张安健、鲍金洁、曹旭、刘辉、刘璐、张明伟、王子超、田红林、李爽（男）、李爽（女）。

中国科学技术大学先进技术研究院新媒体研究院的同人在科普新媒体的研发和实践中勇于创新，为本书提供了全新的案例和丰富的素材。感谢安徽新华发行集团董事长曹杰、安徽皖新传媒董事长吴文胜、科大控股董事长王兵对新媒体研究院的鼎力支持！感谢徐奇智、申巍、朱明辉、武新玮、葛菲等组成的管理团队尽心尽责，敢于担当，为新媒体创新应用披荆斩棘、开疆拓土，提供无限的想象空间！感谢梁琰、祁陶宇、孙一鸣、孙鹏、王晓磊、周荣祥、丁昊、叶子等组建的创新单元，在新媒体运营上呕心沥血、潜心研发、精诚合作！

在本书出版之际，中国科学院科学传播研究中心即将在中国科学技术大学创建，学术期刊《科学传播》（暂定名）也将创刊。感谢中国科学院科学传播局周德进局长、刘剑、徐雁龙、马强等分管领导的悉心指导和强力支持，感谢胡吉、王润强、黎文等中国科学院相关部门负责人对我们的关心和支持。

科协系统对我们的科普新媒体创新给予了长期支持。在此，对中国自然科学博物馆协会理事长程东红、中国科技新闻学会理事长宋南平、副理事长陈鹏、许英、创新战略研究院院长任福君、中国科普研究所的罗晖、王康友、王挺等历任所长给予的支持和鼓励表达谢意！对郑念、朱友文、谢小军、胡俊平、齐欣、刘萱等老师给予的指导和关心表示感谢！感谢安徽省科学技术协会原党组书记周建强、副主席魏军锋、安徽省科技馆馆长姚穗、合肥市科技馆馆长柏劲松，让我们有机会对科普新媒体的探索不断深入！

《运营科普新媒体》是在众多部门、诸多单位的支持下，在科普新媒体方兴未艾的发展进程中，经科研团队不懈努力完成的。在这里向所有支持科普新媒体的单位和同人表示谢意！

我们深知，科普新媒体的应用实践如雨后春笋、层出不穷，本书的创作是我们探索科普新媒体运营迈出的一步，也期待大家的批评指正！让我们共同关注科普新媒体的发展，共同探索科普新媒体的应用，共同期待科普新媒体的成长更加健康，发展更加辉煌！

周荣庭

目　录

第一章
科普新媒体概述

科技创新、科学普及是实现科技创新的两翼。要把科学普及放在与科技创新同等重要的位置，普及科学知识、弘扬科学精神、传播科学思想、倡导科学方法，在全社会推动形成讲科学、爱科学、学科学、用科学的良好氛围，使蕴藏在亿万人民中的创新智慧充分释放、创新力量充分涌流①。科普新媒体也面临新的机遇！

科普新媒体集科学知识、科学方法、科学思想和科学精神之大成，跨越了科学、技术、工程管理和人文艺术的不同学科，整合了科技馆、传统媒体和新兴媒体等不同的载体，桥接了科普事业和科普产业，将科技知识以数字化的方式呈现在公众面前。科普的政策制定、科普的理论研究、科普的实践应用，触及新媒体、结合新媒体、融合新媒体已成为"新常态"，系统、深入地掌握科普新媒体的运营，已经提上日程！

第一节　科普新媒体的内涵

新媒体是指互动式的数字媒体。"数字化""互动性"是新媒体的根本特

① 习近平. 为建设世界科技强国而奋斗——在全国科技创新大会、两院院士大会、中国科协第九次全国代表大会上的讲话［EB/OL］.（2016-05-31）［2018-12-19］. http://news.xinhuanet.com/politics/2016-05/31/ c_1118965169.htm.

征[①]。运营科普新媒体，承袭了笔者《运营数字媒体》的命名风格，旨在探讨科普新型载体运营的方方面面。同时，笔者所带领的中国科学技术大学团队长期从事数字媒体在科普、教育和公益领域的研究与实践，习惯性地将这三大研究领域分别称之为科普新媒体、教育新媒体和公益新媒体，在此基础上，运营科普新媒体的说法也水到渠成。

"科普新媒体"在学术界、业界的使用范围逐渐扩大。科普新媒体从一开始就是新型的科普资源。2006 年，国务院办公厅颁布了《全民科学素质行动计划纲要（2006—2010—2020 年）》[②]，首次提出了"科普资源开发与共享工程"。其任务包括"引导、鼓励和支持科普产品和信息资源的开发，繁荣科普创作""集成国内外科普信息资源，建立全国科普信息资源共享和交流平台，为社会和公众提供资源支持和公共科普服务"。

科普资源指科普活动、科普实践过程中所需要的要素及组合资源，如人力资源、资金资源、载体、产品、活动、信息等。其内涵包括科普项目或活动中所涉及的媒体和科普内容[③]。而"数字化资源"已是科普资源建设不可或缺的内容。同时，要推进科普资源共建共享的保障、运行、协同、激励、监评等机制，可以开展"政府主导建设 + 无偿共享""政府引导与市场机制相结合 + 有偿共享""政府社会共建 + 适度有偿共享"等模式，提出共建共享主体联盟化、科普资源建设数字化、科普资源建设产业化、资源共建共享国际化、服务平台建设特色化等途径[④]。

2008 年启动的科普资源建设数字化就是将科普产品、服务进行基于数字技术的创新、开发和运营。这里数字技术是指包含了所有与数字化有关，处理的信息是 0 和 1 的比特串技术或是技术集群，如网络技术、多媒体技术和虚拟现实技术等。数字技术依托互联网以及信息高速公路不断演绎，具有无限的拓展空间，最终能够将人类的全部知识连接在一起。这对于包括科普在内的任何人

① 匡文波. 关于新媒体核心概念的厘清［J］. 新闻爱好者. 2012（19）:32-34.

② 国务院办公厅. 全民科学素质行动计划纲要（2006—2010—2020 年）［EB/OL］.（2006-03-20）［2018-12-19］. http://www.gov.cn/jrzg/2006-03/20/content_231610.htm.

③ 尹霖，张平淡. 科普资源的概念与内涵［J］. 科普研究，2007（5）:34-41，63.

④ 谭文华. 科普资源共建共享的机制、模式与途径［J］. 中国科技资源导刊，2013（2）：33-36，48.

类活动来说都将是梦幻般的场景[①]。

科普新媒体是科普信息化的实现途径和载体。我国颁布的《2006—2020年国家信息化发展战略》指出[②]：信息化是充分利用信息技术，开发利用信息资源，促进信息交流和知识共享，提高经济增长质量，推动经济社会发展转型的历史进程。现阶段，我国信息化发展处于从跟跑并跑向并跑领跑转变的关键时期，要抓住自主创新的牛鼻子，构建安全可控的信息技术体系，培育形成具有国际竞争力的产业生态，把发展主动权牢牢掌握在自己手里[③]。从中国科协引领科普信息化的发展来看，科普信息化已不再是做做项目、喊喊口号、搞搞群众运动那么简单了，而是从体制与机制、内容与形式、服务理念与方式、运作模式、评价维度标准等全方位的行动和改变，渗透融合在科普新媒体的方方面面[④]。国务院办公厅2016年印发的《全民科学素质行动计划纲要实施方案（2016—2020年）》进一步明确任务，科技教育与培训体系基本完善，社区科普益民服务机制逐步建立，科普基础设施的保障能力不断增强，科普信息化建设取得突破进展，科普产业快速发展，科普人才队伍不断壮大，公民提升自身科学素质的机会与途径显著增多[⑤]。

2015年11月，有关领导指出，以科普信息化为核心，制定好“十三五”时期科普发展规划并纳入国家发展规划。抓好科普信息化龙头工程和示范项目，建好网上科技馆，提升数字科技馆，线上线下有机结合，进社区、进乡村、进中小学、进家庭，让群众特别是青少年能用、好用、常用。宣传表彰和鼓励更多科技工作者献身科普事业，做科普志愿者[⑥]。

2016年6月，刘延东强调，创新科普理念和服务模式，打造信息化科

---

① 周荣庭，黄堃．科普产品的数字化创新［J］．科普研究，2008，3（5）:33-37．

② 国务院办公厅．2006—2020年国家信息化发展战略［EB/OL］．（2006-05-08）［2018-10-19］．http://www.chinanews.com/news/2006/2006-05-08/8/726880.shtml.

③ 中共中央办公厅．国务院办公厅．国家信息化发展战略纲要［EB/OL］．（2016-07-27）［2018-11-02］．http://news.xinhuanet.com/fortune/2016-07/27/c_1119291902_2.htm.

④ 杨文志．科普信息化建设新思维和新理念［J］．科技导报，2016，34（12）:14-17.

⑤ 国务院办公厅．关于印发全民科学素质行动计划纲要实施方案（2016—2020年）的通知．［EB/OL］．（2016-03-15）［2018-12-19］．http://www.stats.gov.cn/wzgl/ywsd/201603/t20160315_1331000.html.

⑥ 新华网．加快推进科普信息化建设［EB/OL］．（2015-11-17）［2018-12-25］．http://news.xinhuanet.com/politics/2015-11/17/c_1117173662.htm.

普新引擎。大力实施“互联网＋科普”行动，以信息化推动科普新媒体理念和服务模式的现代化。要以互联网思维改造科普新媒体体制机制，要强化科普信息落地应用，依托大数据、云计算等信息技术手段，实现科普精准化服务。

2018年3月，中国科协书记处书记怀进鹏指出，“智慧科协”建设是中国科协当年的“一号工程”。其关键是通过信息化的有效实践，梳理和增强信息节点，加强和丰富信息分享，打造基于“网上群团”的“大科协”系统。

可见，科普信息化是国家信息化的重要组成部分。推动科普信息化建设，对于普及科学知识、倡导科学方法、传播科学思想、弘扬科学精神，提高全民科学文化素质，引导广大公众理解科学、文明、健康的生活方式和建设创新型国家具有重大意义，是党和国家的一项重要战略举措。

总而言之，科普新媒体既是科普资源，共享的方式又是科普信息化协同的载体；同时，这里的新媒体也是互联网和移动互联网技术支持体系中的媒体形态。从互联网兴起以来，新媒体的承载形式一直在变动，见证了科技史和文明史上重要的革命，对未来的人类社会将产生无法预估的深远影响。运营科普新媒体，需要跟踪新媒体的技术演变，聚焦新媒体的传播方式，探寻科普的运营模式，最终形成产业的创新发展。

第二节　科普新媒体的特点

科普新媒体具有融合式科普、协同式科普和参与式科普三大趋势。科普新媒体从科普主体、科普内容及科普受众三个层面呈现了融合、协同和参与的发展趋势。

一、融合式科普

“媒体融合”（Media Convergence）这一概念最早由美国麻省理工学院的伊契尔·索勒·普尔（Ithiel De Sola Pool）提出。1983年，他在《自由的科技》(*The Technologies of Freedom*)一书中提出了“传播形态融合”(The Convergence of Modes)。他认为，数码电子科技的发展是导致历来泾渭分明的传播形态聚合的原因。其本意是指各种媒体呈现出多功能一体化的趋势。

美国新闻学会媒体研究中心主任安德鲁·纳齐森(Andrew Nachison)将“媒体融合”定义为“印刷的、音频的、视频的、互动性数字媒体组织之间的战略的、操作的、文化的联盟”。他强调的“媒体融合”更多的是指各个媒体之间合作、形成联盟，是宏观意义上的协同互通。亨利·詹金斯(Henry Jenkins)详细阐述了媒体融合的五种形式：技术融合、经济融合、社会或组织融合、文化融合和全球融合[①]。实际上，科普新媒体的融合也将从技术的融合，走向组织的融合、产业的融合，乃至文化与科技的融合。

融合式科普的背景是数字媒体独特的优势与信息技术的急速发展。具体表现为以下几点。

(一)新媒体可以表现一切，融合式科普形式多样

新媒体可用离散形式的比特编码表示，体现图、文、声、像等各种内容，构建富于表现力的赛博空间。基于比特的易操纵性，其数字内容从创建开始的每一个环节都易于操控，可以被快速地创建、组织、传播和使用。任何传统的科普内容都可以转化为数字媒体格式，即科普报纸、科普杂志、科普图书、科技新闻、科普电影、科普电视节目等数字形式可以在计算机、智能终端上处理，并且随着技术的演进，媒体形式可以不断地变化、不断地升级、不断地创新。

(二)新媒体可以聚合一切，融合式科普魅力无限

从现实看，新媒体也可以很容易地将不同的科普素材加以混合，对科普内容加以改编、聚合或者分解。媒体聚合已经成为一股浩浩荡荡的汇流。无论是科普内容资源还是IT技术应用，无论是科普平台还是用户终端，无论是科普实践应用还是科普产业发展，媒体的发展正在全方位、快节奏、多层面地呈现出融合的趋势，进而展现出科普无穷的魅力。

---

① JENKINS H. Convergence? I Diverge [J].Technology Review. 2001, 104：93-94.

（三）新媒体具有连通性，融合式科普能够渗透社会

借助互联网、移动互联网以及物联网等技术，新媒体可以在任何时间、任何地点将数字科普内容传递到任何一个人那里。在人类的数字化生存环境中，数字科普内容几乎可以随时、随地渗透到日常生活、工作和学习之中，并与政治、技术、经济、文化、教育等环境因素产生互动，对社会生活产生深远的影响。

融合式科普要考虑传统媒体与新兴媒体的融合。2014 年 8 月，中央全面深化改革领导小组审议通过了《关于推动传统媒体和新兴媒体融合发展的指导意见》。该意见强调，推动传统媒体和新兴媒体融合发展，要遵循新闻传播规律和新兴媒体发展规律，强化互联网思维，坚持传统媒体和新兴媒体优势互补、一体发展，坚持先进技术为支撑、内容建设为根本，推动传统媒体和新兴媒体在内容、渠道、平台、经营、管理等方面的深度融合①。比如，同年中国科协为深入推进科普信息化建设而塑造了“科普中国”品牌，旨在以科普内容建设为重点，充分依托现有的传播渠道和平台，使科普信息化建设与传统科普深度融合，以公众关注度作为项目精准评估的标准，提升国家科普公共服务水平②。

2019 年 1 月 25 日，习近平就全媒体时代和媒体融合发表重要讲话③。他指出“全媒体不断发展，出现了全程媒体、全息媒体、全员媒体、全效媒体，信息无处不在、无所不及、无人不用，导致舆论生态、媒体格局、传播方式发生深刻变化”，科普新媒体同样遇到了全媒体的挑战。

【案例 1–1】科普中国

为了全面推进《全民科学素质行动计划纲要（2006—2010—2020 年）》的

① 人民网. 推动传统媒体和新兴媒体融合发展.［EB/OL］.（2018–11–14）［2018–12–11］. http://media.people.com.cn/GB/22114/387950/.

② 中国科协科普部. 科普信息化建设有力推进科普中国扬帆起航［J］. 科技传播，2014，6（23）：3.

③ 习近平. 为建设世界科技强国而奋斗——在全国科技创新大会、两院院士大会、中国科协第九次全国代表大会上的讲话.［EB/OL］.（2016–05–31）［2018–12–11］. http://news.xinhuanet.com/politics/2016 05/31/c_1118965169.htm.

实施，推动科普信息化的建设，充分发挥我国科普优秀网站（频道、应用）的领导力、传播力和影响力，中国科协塑造了全新品牌——“科普中国”。“科普中国”旨在以科普内容建设为重点，充分依托现有的传播渠道和平台，使科普信息化建设与传统科普深度融合，以公众关注度作为项目精准评估的标准，提升国家科普公共服务水平①。“科普中国”致力于让科技知识在网上和生活中流行，推动科普工作全面创新，最终实现我国公民科学素质的跨越式提升。

2014年11月16日，中国科学技术协会与新华网签订“科普中国研发与传播基地”共建协议，开启了我国科普信息化建设的新航程①。2015年9月14日，“科普中国”网站上线试运行。2015年，“中国知网”还与互联网大数据企业百度公司建立“科普中国＋百度”的战略合作。经过4年多的发展，“科普中国”已建成23个网站（频道）、29个移动端应用。2017年又启动实施“科普中国·百城千校万村行动”，努力构建跨媒体、全覆盖的立体化科普传播体系。

作为国家级的科普平台，“科普中国”坚持公益化发展道路，以提升全民科学素质为目标，以内容建设为重点，集结社会各界的力量。它拥有一支超千人的高水平专业创作团队。在内容创作时不仅邀请专门从事科研工作的科学家，同时也欢迎广大科普爱好者积极参与。“科普中国”为用户提供权威、准确的科普信息，通过几十个专栏（频道）推送科普资讯、专家讲座、科普动漫等内容。此外，“科普中国”也通过政府购买服务的方式，与人民网、百度、新华网、腾讯等十余家互联网企业建立合作，引导这些企业建立专门的科普团队。

“科普中国”坚持内容为王，在保证科普内容质量的同时，不断创新表现形式。“科普中国”在科普信息化的大局中充分发挥统筹作用，将相关国家部委、各级省市科协等机构的科普资源汇集在一起，保证了传播内容的科学性和权威性。另外，“科普中国”在具体科普内容上非常注重趣味性与生活化，紧跟现代社会发展趋势，积极运用增强现实技术（简称AR）、虚拟现实技术（简称VR）、3D全景、语音播报等形式，引领科普传播发展潮流。

“科普中国”的初衷是打造一个优秀的国家级科普平台，在运营过程中团队非常注重公益性和普惠性。2015年，“科普中国”与百度百科合作建设“科

① 中国科协. 科普中国［EB/OL］.（2019-02-19）［2019-03-11］. http://www.kepuchina.cn/gywm/.

普中国·科学百科”专栏，组织了两千多位专家，编撰了近13万条权威科学词条。除了通过网络进行宣传之外，“科普中国”还在科普场馆、学校、社区等场所以宣传栏、黑板墙报、科普画廊等宣传载体，定期推送优质内容。同时，“科普中国”还推动全国“科普e站”建设以及“百城千校万村行动”，打通基层科普传播“最后一公里”，努力构建一个跨媒体、全覆盖的立体化科普传播体系，充分发挥科普设施传播“科普中国”的作用。

“科普中国”团队在内容创作时善于结合热点，寻找合适的科学主题，同时将深奥的科技知识通俗化，使用生动幽默的语言来吸引用户。“科普中国”聘请欧阳自远、杨利伟、张双南、徐颖、陈思思、黄轩担任形象大使。通过聘请这些形象大使，“科普中国”扩大了品牌的知名度和影响力，也增进了科技界与公众的交流互信。

由于具备内容优质、话题多元、趣味性强等特点，“科普中国”自上线以来就受到广泛关注。截至2018年4月底，“科普中国”各栏目（频道）累计浏览量和传播量达到192亿人次，其中移动端占比74%以上。“科技前沿大师谈”“科学原理一点通”等栏目不仅科学性强，也非常贴近生活，被广大用户认可。同时，“科普中国”的微博粉丝量达286万人，微信公众号关注用户数也突破100万人。《2018中国科普网站排行榜》显示，“科普中国”已成为科普新媒体中传播影响力最大的IP之一①。

面对受众分化逐渐增强的趋势，“科普中国”提出“精准科普”的概念，其“科普e站”的建设按照场景、主题等将科普内容进行分类，便于用户各取所需。同时，中国科协鼓励各地结合自身实际情况探索创新“科普中国”的落地模式，并且实施了“互联网＋科普惠农”“互联网＋海岛渔民”等具体实践工作。这些工作以“科普中国”落地应用为重点，以提升全民科学素质为核心，正在有条不紊地向前推进。

---

① 徐静休，朱慧. 新媒体时代提升科普传播效果的对策与建议——以科普新媒体“科普中国”和“果壳网”为例［J］. 传媒，2018（18）：54-57.

二、协同式科普

协同式科普工作的特点是各独立的主体拥有共同的目标、内在动力，并依靠现代信息技术构建沟通和合作的方式，形成合力，进行共享、共进式的工作。互联网语境下的协同式科普指的是各科普主体之间通过互联网建立联系，通过不同的媒体开展科普活动，甚至开展科研活动。互联网环境下的协同式科普，一方面能够汇集集体性智慧，实现资源协同、人才协同、创意共享；另一方面能够在短时间内汇聚更大的力量，完成大量工作。协同式科普既可以出现在科研层面（如公民科研），又可以在维基百科和博客、微博等社交媒体运作方式下开展。

公民科研（Citizen Science，也称公民科学）是业余爱好者和非专业人士在一定程度上参与职业科研工作者主导的科研项目，自愿承担观测现象、收集数据、分析资料、宣扬科学理念等体系化科研任务的部分工作[①]。

公民科研尽管收集公民创造或收集的科学数据是其最主要目标，但是科普的流程不再遵循传统的从“科学知识的生产者通过媒体流向一般大众”的路径，而是在交互中协同推进的过程，科学知识的生产和流通被结合在一起。此时，公民科研的传播渠道一般分为线上和线下两种，而线上传播逐渐成为主流，产生影响的新媒体技术包括了社交媒体、数据可视化工具、网络游戏、智能终端、全球定位系统等。

公民科研产生的直接效果包括科研产出和参与公民科学素质的提升，而间接效果可能通过个人传播、群体传播和大众传播，借助新媒体手段辐射全社会。

维基百科、博客、微博、社交媒体等 Web 2.0 应用为科普提供了互动平台，使大规模协同科普成为可能。Web 2.0 应用作为团队协作传播信息，发挥集体智慧的工具，每个人可以一种自发的协同机制深度参与科普信息的创作、传播，开展富有个性的科普创作。当人们有任何科普问题时，可以从“维基百科”“百度百科”“互动百科”等平台获得解释。

---

① 吴江江. 国外公民科研的科学传播模式研究［J］. 新闻世界，2013（7）：311-314.

【案例 1-2】科学松鼠会

科学松鼠会由科普作家姬十三（原名嵇晓华）等人创立，是最初基于群体博客的网络科普组织。科学松鼠会是一个科普公益团体，承担科普专业人员职责，试图通过自己的努力开展科普。其主要的传播渠道包括网页、博客、官方微博、微信平台以及各种科普活动及讲座等。

科学松鼠会致力于让科学流行起来。它的网站由全职编辑和作者共同参与管理，用集体协作的方式发布大量科普文章。开放的协作模式是“科学松鼠会”能够成功的关键因素之一。科学松鼠会的创作主体都是来自各个领域的专家，如复旦大学神经生物学博士姬十三、美国麻省总医院博士后安婆婆等。在整个运作体系中，这些专业知识丰富的创作主体间相互作用、结合协作。他们根据专业进行分工，撰写擅长科目的科普知识，每一篇以科学松鼠会名义发表的文章都会经过专业和文字审核，经过编辑初审、同行评议随时接受读者的挑错并修改。区别于封闭式的生产管理结构，这种开放协同的模式使科学松鼠会形成一个完善的自生产系统，具有较强的创新能力，不断地推出优质产品。

实际上，科学松鼠会的协同科普不仅发生在组织内部，也出现在组织之间和组织之外。科学松鼠会组织结构较为扁平、内部成员间的关系比较平等，组织内部成员间的协同较流畅、高效；科学松鼠会与煎蛋网、兴业全球基金、网易科技、新浪科技时代、土豆网、CCTV10、MyGEEK、东西网、木泉商务、鲜果网等组织都建立有合作关系，促进了自身的发展。科学松鼠会自成立以来，便与各大传媒杂志合作，并积极开展营销活动。在《成都客》杂志开设以“科学松鼠会”冠名的科学专栏；在《南方人物周刊》《新发现》开设问答栏目；以科学松鼠会名义为《南方周末》《时尚育儿》《女友》《上海壹周》供稿；还以成员个人名义先后在《新发现》《新知客》《环球科学》《新京报》《外滩画报》《未来科学报》等报刊开设科学专栏①。

总的来说，科学松鼠会的主体协同模式获得了成功，主要表现在三个方面：

① 周荣庭，何登健. 基于群体博客科普的组织传播研究［J］. 今传媒，2011，19（9）：16-19.

①科学松鼠会自身系统内部各成员专业素养过硬、互相促进；②科学松鼠会是开放的非线性系统，与媒体人、公众、政府、科学家系统联系紧密；③有中心领袖人物和科学传播信念，促成科学松鼠会产生有序的结构和反应，推动了科学松鼠会走向成功[①]。

三、参与式科普

参与式科普指的是以 Web 2.0 网络为平台，以全体网民为主体，通过某种身份认同，以积极主动地创作科普文本、传播科普内容、加强科普语境下的网络交往为主要形式所创造出来的一种自由、平等、公开、包容、共享的新型科普模式样式[②]。参与式科普在融合与协同的科普能力建设基础上，作为一种技术催生的科普模式，更为注重科普工作者的网络交往能力，即寻找、整合及传播科学精神与科学知识的能力，识别和尊重科普多样性的能力，为了完成共同的科普目标与他人分享的能力，针对突发事件进行应急科普等一系列相关联的能力。

参与式科普所推崇的自由交流属性大大提升了社会公众参与科普活动的可能性，社会大众会不知不觉地参与科普活动，例如，在 QQ 空间分享各类科普知识帖等。

参与式科普没有传统科普所特有的自上往下的推动，社会公众更容易接受。它是一种推崇自由的科普——个人可以在极少管制的情况下就科普信息进行表达、讨论；它是一种崇尚理性的科普——个人的任何科普创作成果都会因网络的反馈效应和连锁效应得到评估；它是一种注重公共事务解决的科普——每个参与式科普的科学传播者都对社会公共事件、突发事件产生极大的关注。例如，2008 年汶川地震发生后，许多与地震小知识相关的科普帖便涌现出来，非常及时，效果也非常好。可见，无论从传统科普、科普新媒体，还是社会公众层面看，参与式科普都正在逐步地显现影响，而且对于科普事业来说，这种影响必定会产生深远的影响。

---

① 李欣辰．协同学视角下的科学松鼠会［J］．艺术科技，2015，28（9）：293.

② 周荣庭，何登健，管华骥．参与式科普：一种全新的网络科普样式［J］．科普研究，2011，6（1）：11-14.

【案例 1-3】知乎

知乎是目前国内规模最大、功能最全、运营模式最稳定的互联网科技知识问答平台，拥有相当大的用户群体。知乎致力于打造良好社区氛围，用户在此围绕某些感兴趣的话题进行讨论，互相之间分享知识、经验和见解。

知乎的创立借鉴了美国的问答平台 Quora。如果以开放注册为分界点，可以发现知乎的发展可分为特点鲜明的两个阶段。

知乎诞生于 2010 年 11 月，经过两个月的内测后正式上线。起初知乎并未对外开放，而是采用邀请制注册的方式，第一批用户包括各行业精英、媒体人、产品经理、投资人、工程师、高校研究生等，总计 200 人。随后，又通过线上渠道，如微博、豆瓣、饭否、博客、极客公园等，向有深度互动的用户发放邀请码。同时，在 Google Docs 上传了注册申请表，允许用户通过申请获得邀请码，老用户也可以获得邀请码来邀请其他用户注册。在这一阶段，知乎对用户所处行业、擅长领域等条件进行了较为仔细的筛选，并且通过分析数据来进行诱导性的提问，增加用户黏性和使用频率。另外，知乎员工还针对当时的科技知识以及时事热点问题进行自问自答，激发用户的讨论。随着用户的逐渐增多，加入知乎的门槛逐渐降低，平台上问题与回答的质量开始出现下降的趋势。管理人员开始意识到这一问题，开始加入删除及折叠功能，对低质量问题及其回答进行清理，这也为维持大量用户涌入知乎后的秩序打下了基础①。

经过一段时间的运营，知乎于 2013 年 4 月开放注册。到 2017 年 9 月，知乎用了 4 年多的时间，使其注册用户数量从内测期结束时的 40 万突破了 1 亿大关。随着用户数量的急剧增长，单纯的用户问答已经不再是知乎的唯一形态，知乎在开放注册之后陆续增加了发现、想法、知乎热榜、知乎圆桌、知乎大学等板块，并于 2016 年 4 月 1 日上线值乎，对商业化的“知识付费”做出尝试。

自知乎创立以来，其团队一直不断地强调知乎的社区精神：认真、专业和

① 张贺贺．知乎社区的内容运营策略研究［D］．保定：河北大学，2016.

友善，力求让每个用户“发现更大的世界”。根据知乎团队的介绍，知乎的目标是将高质量的内容透过人的节点来成规模地生产和分享，从而在数亿个中文互联网用户群体中构建高质量知识社区和高价值人际关系网络。如今，知乎仍在通过移动端知乎 APP，新闻类 APP 知乎日报，以及微信、微博的官方账号、公众号、小程序等不断地扩大自身的影响力。知乎作为公司形态在资本市场也获得了认可。如 2011 年 3 月，知乎获得李开复创新工场的天使轮投资，之后又获得启明投资的千万美元 A 轮投资；2014 年 6 月，知乎完成由软银赛富领投的 2200 万美元的 B 轮融资；2015 年 11 月 8 日，C 轮融资 5500 万美元，新投资方为腾讯和搜狗，腾讯领投，此前的投资者软银赛富、启明创投和创新工场也在本轮进行了跟投；2017 年 1 月 12 日，知乎宣布完成 D 轮 1 亿美元融资，投资方为今日资本，包括腾讯、搜狗、赛富、启明、创新工场等在内的原有董事股东跟投。据创新工场李开复透露，知乎该轮融资完成后估值超过 10 亿美元，迈入独角兽行列；2018 年 7 月，知乎完成新一轮融资，融资额接近 3 亿美元，本轮估值接近 25 亿美元。

知乎的运营特点呈现了参与式科普更广意义的特性，包括三个方面：①对用户准确定位，确立以用户为主导的生产体系。知乎建立了 UGC 内容生产模式和“提问 – 回答 – 反馈”的内容供应链，确保了内容的来源，实现了生产的良性循环[①]。②基于用户需求不断优化内容呈现方式。知乎以用户需求和用户兴趣为中心，辅以热点内容、大 V 推荐内容与之结合，组织能够最大程度激起用户阅读兴趣的首页内容。另外，基于知乎社区的内容，相继推出知乎日报、读读日报、知乎周刊、知乎盐系列、一小时系列等衍生品，为用户提供定制化的高品质阅读体验。③通过互动构建立体化传播渠道。一方面，知乎通过社区内的点赞、评论、私信等方式促进用户间的线上互动，营造讨论的氛围。另一方面，通过举办“知乎盐 club”等线下活动将用户更为紧密地连接起来。同时，从一开始的 PC 端到如今的移动端甚至于图书出版，知乎开拓了多种传播渠道，满足了不同用户群体的媒体使用习惯，而用户投入知乎内容浏览的人均时间在增加，创作的积极性也在不断提升。

① 曹雨骋．知乎网科技传播研究［D］．长沙：湖南大学，2018.

知乎良好的内容运营吸引了大量的用户，其传播力度及广度增长的势头也丝毫不减，这说明其运营是卓有成效的，但还存在不足之处。自开放注册以来，用户的激增同样带来了大量重复、无用的低质量内容，并且仅靠用户举报以及系统筛选做不到全部消除，还需要运营团队毫不懈怠地进行人工维护①。此外，还存在某些小众问题提出后无法得到及时回应，而某些热点问题则会频繁地出现在首页推荐中，令人产生视觉疲劳。不过，知乎团队也在不断地探索新的做法，完善自身，相信只要能够将“认真，专业，友善”的精神一如既往地贯彻下去，知乎就有可持续发展的空间。

第三节　科普新媒体的运营系统

一、科普新媒体运营系统构成

运营科普新媒体对新媒体环境下的科普工作要有系统和全面的认识，从而在运营理念、运营方法、运营资源的规划或落实上更具可行性和操作性。

从系统论的观点看，科普新媒体的运营系统（图 1–1）由五方面构成：①科普新媒体运营主体，主要是指科普新媒体的组织者、策划者、执行者和管理者。运营主体既有政府、学校、企业、大众媒体的主导，也有科研院所、民间基金会以及个体等在科普方面发挥的作用，还有不同组织之间形成的协作共同体日显优势。②科普新媒体运营客体，是指科普新媒体的对象，即科普受众。③作为传播渠道的科普新媒体基础设施，包括各种类型的科普新媒体平台以及在此基础上构建的云、网、端等传播体系。④科普新媒体的内容和科普方式，包括科普新媒体的产品和服务。⑤科普新媒体的运营条件和环境，主要包括计算机技术与互联网技术构建的网络环境，以及资金投入、科普政策和法规的制定与实施等。

---

① 邓莉丽. 消费文化视野下社会化问答社区的知识传播研究［D］. 南京：南京师范大学，2017.

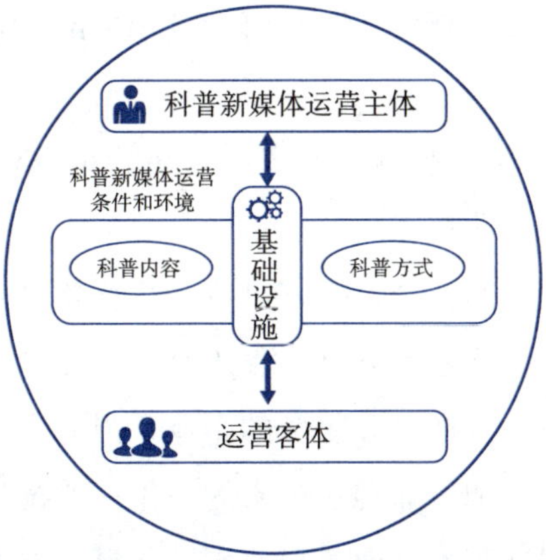

图 1-1　科普新媒体运营系统

科普新媒体运营系统的五个方面不是孤立的，而是相互关联共同作用于科普过程，具体体现为人才队伍、网络基础设施、教育和传播体系、新媒体作品、组织网络与社会环境六大要素，并塑造了两条能力主线：以能力为导向的科普新媒体运营——管理和服务能力；以能力为导向的公众科学素质提升——参与公共事务和处理实际问题的能力①。

二、科普新媒体的运营主体与客体

（一）科普新媒体的运营主体

科普新媒体的运营主体是系统中重要的组成部分，即从事科普新媒体信息传播活动的人或团体，是科普新媒体的组织者、策划者、执行者和管理者。

科普新媒体运营的主体包括政府及其相关部门、企业尤其是科普企业、大众媒体机构、学校与科研机构、其他非营利性的组织或个人。

政府及其相关部门是推动科普新媒体运营的主体，肩负推进科技进步和创新的历史责任。提高公民的科学文化素质离不开政府引导。企业产品创新、增强核心竞争力、创建科普市场离不开政府支持。政府不仅斥巨资建立科技馆，而且每年为科技馆划拨大量经费，保证其正常运营。科普的战场从传统的媒体

① 李健民，刘小玲．科普能力建设：理论思考与上海实践［J］．科普研究，2009，4（6）：35-41.

和传播的基础设施悄然转向新媒体，政府及其相关部门对新媒体科普的关注和投入必将持续增加。

企业的新媒体科普与企业自身的产品宣传、市场营销、销售服务密切相关，因此企业管理者、企业技术人员、负责企业文化传播的宣传人员在新媒体科普方面有巨大的施展空间。企业搞好自身的科普新媒体运营，提高企业员工科学文化素质，增强企业核心竞争力，意义十分重大。

科普企业是指提供科普产品和服务的企业。当前我国科普企业的规模比较小，很多科普企业是由其他行业转变过来的，包括科技馆展品开发企业、科普设计类企业、科普编辑出版类企业、科普影视节目制作单位、科普玩具生产企业以及科普数字媒体生产企业等，这些企业根据用户的需求，使提供的科普产品和服务更多地呈现为数字化、智能化、互动化和游戏化，对新媒体技术的利用程度也更加深入。

传统的大众媒体机构作为新媒体的运营主体，其影视作品、广播作品、报刊文献、图书与新媒体运营的融合也逐渐深化。利用大众传媒是开展科普工作的重要手段。传统的大众媒体与新媒体融合发展是不可逆转的。

学校和科研机构是科普新媒体运营的重要机构。学校教育是科学普及的基础，科学普及是学校教育的补充和延续。学校在探索科普事业公益性和学生素质教育的有机结合、探索科普资源共建共享，以及推动科普产业的发展促进公众科学素质提高的新途径等方面发挥了重大作用。提高青少年的科学素养是开发科技人力资源、提高国家创新能力的重要途径，所以学校可以将青少年作为科普新媒体运营的重点对象，注重推进跨学科的科普教育。学校充分利用科普新媒体展开科普教育，进而确保科普进课堂、科普进家庭、科普进社区。各大高校、科研机构努力营造深厚的科技创新氛围，积极推进国家技术创新工程建设。科研成果、科研装置、科研活动作为科普的内容资源，对科普新媒体运营仍是不可或缺的一个环节。

其他非营利性组织或个人的参与汇聚了越来越多的科普新媒体运营主体，包括参与科普的社会团体、民主党派和个人。科普社会团体由志愿者团体和非营利性组织组成，构成了具有多样性的社会组织基础，这是一股自下而上的科普新媒体运营的主体力量。在加强科普组织体系建设的过程中，科普社会团体可为开展科普新媒体运营提供有力的组织保障，在科普新媒体中发挥重要作用。根据政府主导、社会普遍参与的原则，优化组合包括志愿者团体和非营利性组织等社会资源，可拓宽科普公益事业的发展空间。

协作共同体（Collaborative Community）也将成为科普新媒体运营的新型主体。协作共同体源于网络信息时代的协作共享（Collaborative Commons），孕育于共享经济。共享经济是利用现代信息技术，以使用权分享为主要特征，整合分散化资源，满足多样化需求的经济活动，其协作共享经济模式将超过现在的资本独占和行政垄断，成为信息社会的主体经济模式①。组织边界的模糊和企业边界的丧失，会使协作共同体获得空前的发展。科普新媒体的运营主体也将率先打破组织的界限、打破企业的界限，形成协作互利的发展格局，在以人为本和可持续发展、物尽其用的消费观和发展观中为产业化运作提供机会。

（二）科普新媒体的运营客体

科普新媒体客体，即科普新媒体的受众。这样的受众人群较为广泛，《全民科学素质行动计划纲要（2006—2010—2020年）》提出了四类科普重点人群，未成年人、农民、城镇劳动人口、领导干部和公务员。这四类科普重点人群的科学文化素质直接关系到国民经济和社会的发展，关系到国家事务的科学决策和管理，关系到国家未来的发展和昌盛，科普新媒体的运营如何关注这四大类重点人群是面临的新课题。

据中国互联网络信息中心（CNNIC）发布的第44次中国互联网发展状况统计报告显示，截至2019年6月，我国网民规模达到8.54亿人，互联网的普及率为61.2%。我国手机网民规模达到8.47亿人，网民通过手机接入互联网的比例高达99.1%。互联网已成为满足公众获取信息、集各媒体优势的大众传播手段，所以网民日益成为科普新媒体客体不可或缺的部分。

（三）产消者：主体与客体的融合

实际上，新媒体时代科普运营的主体和客体也出现了融合的迹象。“产消

---

① RIFKIN J. 零边际成本社会：一个物联网、合作共赢的新经济时代［M］. 赛迪研究院专家组，译. 北京：中信出版社，2017：10.

者”是指那些参与生产活动的消费者，他们既是消费者又是生产者。在互联网日益普及的过程中，尤其是Web 2.0应用的兴起，数字化产消者的发展壮大成为产消合一的新经济形态。“产消者”的群体组织是一种对企业组织的解构，具有成员边界不固定、社区文化强、没有集权的决策中心、开发和改进同步进行、参与者根据自己的能力自己选择承担的任务、产出基于知识信息的产品、低成本的高效沟通等特征①。第二人生、电子湾（eBay）、脸书（Facebook）、新浪微博等网站，都是由用户自己创建的平台，企业提供了基础设施和服务平台，而兆亿字节的虚拟资产、数以亿计的商业价值都是用户一文一图的添加而发展起来的。

三、科普新媒体的基础设施与产品服务

科普新媒体基础设施包括各种类型的科普新媒体平台以及在此基础上构建的云、网、端等传播体系。因此，科普场馆、科普教育基地、科普示范社区均是科普新媒体发展的着力点，具备构建科普新媒体网络的资源优势。

科普新媒体的产品一般是以比特形式加以编码的表示媒体，即科普信息加以编码以后形成的数字内容，在其产生、存储、传输和显示过程中起到了中介的作用，如数字化的科普文章、科普动漫、科普视频和科普游戏等。它也包括用于处理比特形式编码信息的显示媒体、存储媒体、传输媒体和信息交换媒体，此时科普新媒体产品是具有科普内容的信息技术相关的设备，包括了数码照相机、数码摄像机、智能手机、平板电脑、可穿戴设备等，是科普内容的载体。

这样，科普新媒体的运营既与产品服务结合，又与各种基础设施结合，可分为基于传统媒体的新媒体传播、基于互联网的新媒体传播以及基础设施类的新媒体传播。

基于传统媒体的新媒体传播主要依托传统媒体信息化对科普内容和表现形式创新形成新的传播形态，主要针对图书、报纸、电视、广播、影视5类媒体，这类传播充分利用现代信息技术促进其变革，实现大众媒体的全网融合，使传统媒体科普焕发新的生机。而基于互联网的新媒体传播则进一步考虑从途径介

① 孟韬. 网络社会中“产消者”的兴起与管理创新［J］. 经济社会体制比较，2012（3）：205-212.

质（传播渠道）、内容介质（内容形式）和技术介质（新技术应用）三个方面进行分类。有关基础设施类的科普新媒体传播主要包含了契合科学普及主题的科技馆、数字科技馆等传统的科普主体（表 1–1）。

表 1–1 科普新媒体传播形态

类别		载体形式	例子
基于传统媒体的新媒体传播		图书科普类	《科学跑出来》《视觉之旅：神奇的化学元素》《有趣的透视立体书》《第一次发现丛书》*Wonderbook*《地球上的生命》《赛尔号疯狂实验室》《植物大战僵尸》
基于传统媒体的新媒体传播		报刊科普类	《科技日报社》《最后一点钟报》《都市快报》“好奇实验室”
基于传统媒体的新媒体传播		电视科普类	“国家宝藏”“走近科学”“鲨鱼周”“真相战胜一切”“最强大脑”“第 N 个空间”“气象万千”
基于传统媒体的新媒体传播		广播科普类	“养生大讲堂”“科学脱口秀”
基于传统媒体的新媒体传播		影视科普类	《人体奇迹》《精灵爱牙讲堂》
基于互联网新媒体的传播	传播平台与渠道类	微博科普	“果壳网”“中科院之声”“中国数字科技馆”“瘦驼”“松鼠云无心”
基于互联网新媒体的传播	传播平台与渠道类	微信科普	“科普微频道”“上海科普”“科普社”“中国气象科普网”“萝卜人科普”
基于互联网新媒体的传播	传播平台与渠道类	科普网站	“科普中国”“中国科普网”“海洋科普”“中国科普博览”“科学智慧火花”“微科普”“果壳网”“科学松鼠会”“航天科普”“CCTV 科教”“腾讯探索”“网易探索”
基于互联网新媒体的传播	传播平台与渠道类	科普类 APP	“科学 E 无限”“百度百科”“互动百科”*Animal Planet Beyond Planet Earth Augmented Reality*“掌上科技馆”*DINOSAURS Angry Birds Space*
基于互联网新媒体的传播	内容介质类	科普游戏	《折叠》*GAME FOR SCIENCE*“The Education Arcade”《环境侦探》《泯灭》
基于互联网新媒体的传播	内容介质类	网络视频	“飞碟说一分钟”“唐僧说户外之登山篇”“马桶编年史”“神九你好”“小狐狸发明记”“蓝猫淘气三千问”“乐智小天地”
基于互联网新媒体的传播	内容介质类	科普纪录片	*Cosmos*：*A Space Time Odyssey horizon The Universe Things You Need To Know*《宇宙的构造》《斗转星移》

续表

类别		载体形式	例子
基于互联网新媒体的传播	内容介质类	科普电子杂志（有声读物）	《未来科学家》《读览天下》《龙源期刊网》*ZAKER*《科学有故事》
	新型技术类	3D 打印技术	创客空间 *Living Lab*、上海科技馆“三维头像制作站”“3D 打印未来”“3D 打印培育工程”
		语音技术	“灵犀语音助手”“开心熊宝”“讯飞语音云”
		虚拟现实技术	伦敦“街头博物馆”、《探索太阳系》《动物世界地图》、*Horrible Hauntings*
		增强现实技术	“消失的世界”“增强现实虚拟互动科普读物”
		人工智能技术	微软小冰、人工智能 AlphaGo
		物联网技术	农业物联网、大健康科普、中国科技馆新馆 RFID 电子门票查验服务系统
		大数据技术	MOOC
		云计算技术	“有道云笔记”“高德地图”“百度网盘”
基础设施类的新媒体传播		实体科技馆	东莞科技馆、上海科技馆
		数字科技馆	“百度百科数字博物馆”、博物馆漫游“印象亳州”

四、科普新媒体的条件和环境

科普新媒体的条件和环境为科普新媒体运营系统提供发展的机会和空间，既包括了政策、经济、社会和技术等宏观环境，也包括了科普事业和科普产业构建的行业环境，还包括了全国、地方、企事业单位构建的微观环境。

科普新媒体的发展环境不断优化，发展趋势也是明确的。

（1）更具创造力的媒体技术。在技术多元化的今天，大数据、云计算、物联网、虚拟现实技术、游戏开发技术、Web 2.0 技术的出现和发展，推动了科普在内容形式、传播途径、传播效果等方面的创新变革。

（2）定制化服务和自媒体。按照某一媒体及其核心受众的信息需求提供定制化的内容，是媒体发展的必然趋势，而公众也开始习惯于利用不同的终端设备接收多元化信息。因此，定制化服务是未来媒体技术发展的重中之重。与此同时，微博、微信、抖音等自媒体在近年来快速发展。科普新媒体将充分发挥自媒体的作用，向公众提供个性化的科普内容和定制化的科普服务。

（3）更具亲和力的媒体终端。苹果手机的问世使得智能手机成为时尚，开启了利用手指触碰数字世界的奇妙快感。随着移动互联网技术以及移动终端设备技术的推广普及，智能手机、平板电脑、电子阅读器、可穿戴的移动设备、车载移动设备、植入式移动设备等新型移动终端设备开始进入公众的日常生活，影响和改变人们的行为习惯。这些媒体终端具有随身移动，贴身服务的优势，用于科普也会极具亲和力。

（4）智能化软件的终极体验。智能设备的流行在于赋予公众全新媒体体验，智能设备的智能化软件也层出不穷。智能移动终端软件已渗透到了出版、影视、音乐、通信、娱乐和商务等众多领域，在构建巨大市场空间的同时，开启了公众享受沉浸式交互体验服务的新时代，也为科普开辟了广阔的新天地。这些软件改变了公众社交、沟通和获取信息的习惯，以其庞大的用户群和新颖便捷的传播模式，成为科普中不可忽视的推广渠道。

在新媒体传播环境下，我国科普的传播方式和途径已发生了巨大变化，许多新的传播方式和途径不断涌现，为推动科普新媒体创新发展奠定了基础。

第二章 科普新媒体创意策划与生产

第一节 科普新媒体的创意策划概述

一、科普新媒体创意策划的内涵

随着生活和工作节奏日益加快，交通成本不断提高，出行时间不断增加，闲暇时间不断被挤压，呈现碎片化趋势，人们对信息和科学技术知识和方法的获取产生了新需求①。新媒体充分利用了互联网的优势，实现了人与人的即时数字化传播，每个人都成为信息的便捷接受者，并可成为发布者。新媒体信息具有传播速度快、互动性好、实时性强等诸多特点，开拓了人们获取信息与科学知识的方式与途径，征服了越来越多的网民和公众。随着近年来信息技术在科普工作中的应用，以新媒体技术为特征的新的科普资源不断丰富。基于互联网的网络科普不断创新，极大地拓展了科普渠道，对人们的学习、工作、生活产生了广泛而深刻的影响，传统科普的效果已经不再适应当下的新环境②。科普新媒体的创意策划不仅需要考虑受众需求，更重要的是科普内容的把关和创意策

① 黄桂萍，王安荻. 从《博物》的新媒体运营看科普类杂志的品牌塑造策略［J］. 中国科技期刊研究，2016，27（12）：1334-1338.

② 中国科学技术协会. 中国科协科普人才发展规划纲要（2010—2020年）［EB/OL］.［2010-07-26］. http://www.cast.org.cn/n35081/n35488/n12123725.files/n12123726.doc.

划，要让科普内容在通过新媒体渠道更便利地传播给受众的同时，也更加富有科学性和趣味性，在新媒体环境中实现高效的传播和有效的体验。

科普新媒体创意策划是当代科普信息整合传播的核心内容，旨在帮助科普组织建立并维持与媒体、受众之间的相互沟通，是科学知识普及和科学技术推广的一个关键要素。科普新媒体创意策划提出具有互动性与科学性的创意，整合报纸、电视、广播、网站、移动终端、虚拟现实等各种媒体技术，以科学文化内涵为纽带，运用社会化运营方式，吸引公众关注，从而达到引导科学舆论、创造健康科普生态的目的。

二、科普新媒体创意策划的理念

（一）全媒体策划理念

全媒体体现为全程媒体、全息媒体、全员媒体、全效媒体，其内涵是全流程、全过程，全技术手段、立体式，全员参与和全部效果①。在科普新媒体的创意策划中，全媒体策划理念符合现阶段融合媒体发展趋势，能够有效地指导科普从业人员和科普单位实施科普新媒体创意策划。

1. 全程媒体策划

全程媒体策划是从流程和过程两个角度来分析的，指的是全流程、全过程开展媒体的创意策划。具体说来，既要适应互联网等新技术的要求彻底重构科普信息采编流程，对科学知识、科技应用、科研活动进行全流程的立体式报道，又要在科普的过程中与用户及时互动、沟通和交流，及时把用户反馈体现在科普的全过程。

2. 全息媒体策划

全息媒体策划指的是利用全部的技术手段、媒体形态、媒体终端实现立体式创意策划。具体来说，除了传统的报纸、杂志、广播和电视等媒体形态外，要大力运用网站、客户端、增强现实（AR）、虚拟现实（VR）、混合现实（XR）、直播、短视频等媒体新形态，充分借助个人电脑（PC）互联网、移动互联网、云计算、大数据、人工智能、区块链、物联网等新技术和微博、微

① 郭全中．全程全息全员全效媒体创新探析［J］．中国出版，2019（4）：9-13.

信、抖音、快手等新终端，实现全立体式科普信息的传播，使人们通过任何媒体形态、任何媒体技术和任何媒体终端都能看到相对完整的科普信息。

3. 全员媒体策划

全员媒体策划是从传播范围角度来说的，指的是发挥全社会力量参与，同时积极发动内部全体人员参与。全员媒体的科普创意策划是普通大众经由数字媒体技术、互联网技术等的应用，提供与分享他们策划制作的科普信息。在全员媒体策划理念下，坚持移动优先策略、充分考虑组织的协同与融合，注重内容建设的持久性和连续性、媒体资源的多样性和多元化是策划科普新媒体的重要路径①。

4. 全效媒体策划

全效媒体策划指媒体要取得全方位的传播效果。随着移动互联时代的来临，大数据、云计算等技术为媒体了解那些从未见面的用户、实现精准传播与有效传播提供了前所未有的条件②。全效媒体的科普创意策划依托大数据、云计算、人工智能等新技术，通过机器学习、用户画像、个性化分发、精准推送等多样化的科普信息生产与传播手段，建立和健全传受双方互动和反馈机制，让传播效果适应媒体分众化的要求，真正抵达目标受众③。

（二）超媒体叙事

麻省理工学院比较媒体系原主任亨利·詹金斯于 2003 首次提出超媒体叙事（Transmedia Storytelling）的概念，他认为超媒体叙事是基于当下传播碎片化环境，人们通过多媒体获取和发布信息的传播行为，将叙事内容系统性拆解并通过多元传播媒体发布出去。在超媒体叙事体系下，不同媒体具有不同的功能，而多种媒体的协同作业又拼接出丰满的故事角色和复杂的叙事世界，能够带给受众参与式的体验，产生新的价值④。

---

① 周荣庭. 建设全员媒体的思考［N］. 安徽日报，2019-02-12（6）.

② 冯南平. 立足数据资源　打造全效媒体［N］. 安徽日报，2019-02-12（6）.

③ 沈正赋. “四全媒体”框架下新闻生产与传播机制的重构［J］. 现代传播（中国传媒大学学报），2019，41（3）：8-14.

④ JENKINS H. Convergence Culture:Where Old and New Media Collide［M］. New York City:New York University press, 2006.

超媒体叙事中的重要概念之一是多元化。它体现在文本叙事、内容体验以及受众参与等层面，形成“多元式的话语异质”。但超媒体叙事并非是多元媒体载体的简单相加，而是根据不同媒体平台的特点来设计故事情节与表现形式，吸引受众通过各个媒体形式接收故事内容并加入叙事过程中的整体性叙事策略。在宏大的叙事世界背景下，叙事的连续性、体验的泛在性以及受众参与的广泛性是超媒体叙事理论探索的三个重要维度①。

超媒体叙事并非复制内容，而是用户生成叙事碎片，参与创意策划和分发，用户既是消费者也是策划者。科普新媒体的超媒体策划流程是：叙事原点是内容 1 层（图 2–1）；通过媒体层不同渠道分发，由用户接收，激发粉丝的参与热情，创造出新的叙事碎片，以弥补断裂的叙事缝隙，即内容 2 层；叙事碎片进入再策划，成为用户生产内容，进入产品再造阶段，形成内容 3 层；再经由媒体层分发；如此循环，不断重构，形成内容 *N* 层，构建一个更加宏大的叙事世界。超媒体文本并非单一形态，叙事亦非线性叙事，而是变成多媒体、多渠道、多形态、多文本、碎片化的叙事结构②。

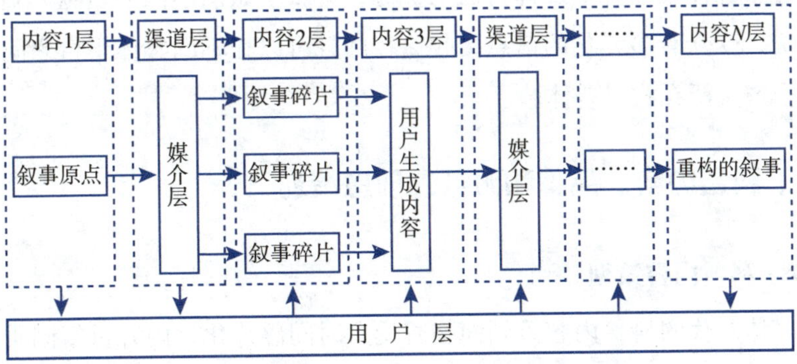

图 2–1　超媒体叙事下科普新媒体创意策划模式

1. 内容叙事的持续性

在超媒体叙事体系中，虽然故事分布在不同的媒体出版平台上，但所有媒

① 周荣庭，方可人．超媒体叙事下图书出版物创新模式研究［J］．科技与出版，2015（7）：106–110.

② 童云，周荣庭．论有声读物的用户需求及其超媒介生产策略［J］．现代传播，2018，40（5）：103–109.

体的叙事需要相互一致，具有连续性。不同的科普新媒体应组成一个系统，在整个系统环境与时间序列下进行协同叙事。以中国科学技术大学先进技术研究院新媒体研究院策划的“墨子号”量子科学试验卫星系列科普内容为例，“墨子号”的科学知识通过 AR、VR、沉浸式传播空间等不同媒体渠道连续叙事，对“墨子号”的科普知识进行了全方位的科普。

2. 受众参与的广泛性

超媒体叙事策略相较于传统叙事策略是媒体融合的文化转型，而文化转型之所以可能，是因为受众广泛地参与其中。优质的科普内容能够吸引忠诚度较高的粉丝，粉丝利用不同媒体传递的碎片化信息来探索故事发展的完整脉络，并进一步向其他受众传播，完成对叙事本身的再创造。这是基于社会化媒体的传播方式的转变，受众的积极参与在优质科普内容策划、生产与传播过程中具有重要意义[①]。

3. 传播渠道的多样性

科普叙事内容系统性地分布在多元媒体载体中，能够覆盖多元化的受众群体，而各个媒体载体分别发挥自己的优势，为叙事做出不同的贡献。整合多种传播渠道，受众有多元化的信息接收途径并且可以在不同媒体平台之间自由流动，将会产生泛在式科普体验。

三、科普内容、品牌和服务的创意策划

（一）科普内容策划

新媒体时代的科普内容策划面临着受众时间碎片化、内容重复同质化的挑战，在新媒体环境下庞杂繁复的信息库中，能够吸引读者的科普内容一定是有创新性和科学性的。基于新媒体的传播规律，现在可以把科普新媒体在内容创意领域的突破归纳为两类：突破传统的选题策略和突破原有的受众定位。

1. 选题创意

科普内容的创意策划应突破传统的理念和模式，不仅要关注科普本身，还

① 孙松，周荣庭，何同亮. 超媒介叙事视角下的动漫 IP 出版策略研究——以奥飞娱乐为例 [J]. 科技与出版，2016（5）：19-22.

要针对多种媒体受众群体需求和偏好，把握选题创意的创新性、具体性和实用性[①]。创新性主要强调一个选题创意应当是由创作者或策划团队独立孕育产生，具有一定程度的独创性与新颖性，并非众所周知或者抄袭复制他人的内容。具体性要使选题创意脱离单纯的思想而归入表达的范畴。实用性是能够被执行与实施，具有现实的效用，能带来社会效益和可能的经济效益[②]。

2. 明确定位

现阶段我国大多数科普新媒体创意策划的定位并不精确，一些科普新媒体平台是综合型科普平台还是垂直型平台没有明确。尽管这些科普新媒体平台内容涵盖面广泛，但是有影响力和传播力的内容屈指可数。基于此，科普新媒体的问题在于难以精准把握受众的需求。由于受众精力有限和目前碎片化的阅读情境，策划的内容如若与受众的兴趣和需求无关，则会导致科普新媒体用户参与积极性不高，随着时间流逝会大量流失。因此，降低低水平内容重复率，按照不同的受众定位细分受众需求，布局高水准的内容矩阵，才可提升科普新媒体的传播效率。

【案例 2-1】NASA 儿童俱乐部科普网站

激发儿童对探索宇宙的兴趣最好的办法是什么？让科学知识变得有趣！美国国家航空航天局（NASA）设计开发的 NASA 儿童俱乐部就是这样一家针对儿童设计的有趣的太空知识科普网站。该网站于 2006 年 6 月正式上线。作为一个官方的非营利网站，NASA 儿童俱乐部致力于 STEM 教育，以寓教于乐的方式引导孩子不断进行探究式学习，提高他们对太空探索的兴趣。孩子们可以在网站上玩太空游戏，学习到太空、物理、数学等多学科的知识。

NASA 儿童俱乐部在每个项目的选题阶段，考虑到儿童的兴趣点和学习能力，并没有设计过于枯燥的课程，而是通过对载人航天器、火箭、宇航员等内容进行创意策划，设计了一批受孩子们喜爱的科普游戏和科普项目，如《火箭制造者》(*Rocket Builder*),《到达太阳系顶端》(*Go to the Head of the Solar System*)

---

① 谭云明. 新媒体策划运营与舆情应对［M］. 北京：中国经济出版社，2017.

② 刘知函. 选题创意法律保护的路径研究［J］. 科技与出版，2016（09）：55-59.

等。在制作这些游戏和项目时，NASA 儿童俱乐部也从儿童视角出发，努力满足他们的需求。为了避免科普内容的表述过于成人化，游戏中大多使用较为简单的词汇来解释原理，并搭配了卡通图片和动画，让儿童在游戏中学到知识。

同时，NASA 儿童俱乐部精准定位目标客户，将受众锁定在儿童这一群体上，以 K-4 阶段儿童为主要服务对象，为他们设计了涵盖幼儿园到四年级的各种技能水平的科普游戏。这些游戏均基于 STEM 教育中的美国国家教育标准，如“下一代科学标准（NGSS）”“美国数学教师协会（NCTM）”等①，确保每个游戏能最佳匹配到某一年龄段的儿童，以便发挥最大效用。如网站上的 *Astro-Matic 3000* 就是一个专门针对四年级学生策划的游戏，它是一款帮助孩子们了解自己在另一个星球（如月球）上的年龄体重的科普游戏。这一游戏依据 NGSS 标准中规定的四年级应学到的太阳系的内容和 NCTM 标准中提到的识别长度、体积、重量、面积和时间的属性而开发。这种以国家标准和课程体系为支撑点设计的游戏，可以帮助孩子们将这些从游戏中获取的知识更好地融入他们的知识系统，也方便学校老师、父母根据孩子的年龄和学习能力为他们选择合适的游戏。

据官方网站显示，NASA 儿童俱乐部将不仅专注于科普游戏的制作，还将致力于人类太空探索及国际空间站的信息发布。目前，NASA 儿童俱乐部网站已上线美国宇航局儿童俱乐部图片展栏目，远征队系列也已更新到第 58 期。未来，对于美国宇航局来说，他们更希望 NASA 儿童俱乐部承担起美国航天领域火种的功能，通过一系列的科普游戏来培养儿童对宇宙探索的兴趣，为未来的航空航天事业增添后备力量。

（二）科普品牌策划

品牌形象是广大读者对科普新媒体形成品牌印记的重要标志。在全媒体时代，科普新媒体应注重对品牌形象的打造和设计，特别是对内容的培育和塑

① NASA Kids' Club：Info for Parents，Teachers and Caregivers［EB/OL］.（2018-08-11）［2019-02-20］. https://www.nasa.gov/kidsclub/text/extras/Game_Descriptions_National_Standards.html.

造。我国科普新媒体创意策划在品牌建设中一方面通过个性化的策划塑造鲜明的形象；另一方面可通过新媒体技术扩大品牌的影响力，提高社会认知度①。

1. 打造 IP

IP（Intellectual Property）是指能被改编、再创作且能为市场所接受的智力成果权内容的具象化表现②。在科普新媒体的品牌策划中，打造 IP 是策划的重要一环，IP 不仅可以提升品牌的影响力，更重要的是为品牌在不同媒体的叙事创造空间。

2. 品牌创新

品牌创新是赋予科普品牌创造价值新能力的行为，即通过技术、管理、商业和文化创新，增加品牌的生命力。全媒体时代的科普新媒体创新应结合新技术、新平台，通过创意理念的更新，增强科普内容的吸引力，实现品牌自身的发展和超越。

【案例 2-2】中科院之声

“中科院之声”是中国科学院的官方品牌。2013 年 6 月，中国科学院开通官方微博、微信“中科院之声”，面向全院范围和社会公众开展科学传播工作。配合原有的中国科学院网站媒体传播渠道，“中科院之声”紧跟新媒体发展趋势，逐步形成以官方网站为基础，微博、微信、手机报、电子杂志、知乎、抖音等新媒体矩阵的科学传播体系③，对其品牌协同共建，多渠道发布，顺应了融媒体发展趋势，有效满足了移动互联网用户的需求。

《2018 政务指数微博影响力报告》指出微博平台“中科院之声”在“2018 年度全国中央机构微博影响力分榜”中排名第 18 位，截至 2019 年 5 月，微博粉丝数已超过 418 万。2018 年 9 月中国科学院在抖音、快手短视频平台同时认

---

① 李雪，黄崇亚，邱文静，等．科普期刊全媒体出版创意探析［J］．编辑学报，2015，27（3）：210–213.

② 秦枫，周荣庭．网络文学 IP 运营与影视产业发展［J］．科技与出版，2017（3）：90–94.

③ 张晓颖，韩轶，王以豪．基于“5W”传播模式的中科院微信公众平台研究［J］．今传媒，2017（7）：15–18.

证开通“中科院之声”账号，并制作发布大量原创科普微视频[①]。不到 8 个月的时间，“中科院之声”在抖音短视频平台获赞数已超过 92 万次，粉丝数超过 76.5 万人[②]。

“中科院之声”利用中国科学院的智力资源及品牌优势，立足于科技创新工作，整合中科院内部各类科普资源，充分运用公众喜闻乐见的新媒体方式解读社会关切的热点，精心加工制作，向公众传播重大科研成果、重大科技事件、典型科研人物、科学精神文化等，达到了传播科学、服务公众的目的。以中科院 FAST 射电望远镜的建成为例，“中科院之声”就分别推送了《世界第一！中国建成观天巨眼 FAST 射电望远镜》和《中国这些世界最牛的大工程，对你我有意义吗？》等多篇推文，及科普短视频《关于“天眼”，你至少要知道这些》，通过微博、微信、抖音等多渠道的发布和多种形式的呈现，形成了良好的传播效果，帮助受众更加深入地了解中国科学院系列研究成果的形成过程与重大意义。2019 年年初“中科院之声”抖音引领的“科抖”爆红网络，“科抖”就是科学内容的抖音，即以传播知识、普及科学为主的小视频。“中科院之声”通过充分挖掘全院资源，联合院内外专业力量，策划、拍摄、制作了很多好看好玩和有代表性的精品科普短视频[③]，使“中科院之声”成为备受广大公众喜爱的科普品牌。

（三）科普服务策划

科普新媒体具有“影响力经济”的特征，就价值整合和延伸而言，做好科普新媒体的服务策划尤为重要。科普新媒体的服务策划是指除了对科普新媒体的内容进行传播、对科普新媒体的品牌进行推广外，更重视对科普新媒体品牌和资源的延伸服务进行策划。全媒体时代的服务策划为科普新媒体创意策划开

---

① 中国科学院科学传播局．“中科院之声”短视频工作开端良好［EB/OL］．（2018-11-23）［2019-02-28］.http://m.cas.cn/gfzjz/201811/t20181123_ 4671810.html.

② 截至 2019 年 5 月，抖音“中科院之声”账号数据。

③ 字节跳动，清华大学新闻与传播学院，中国科学报社．知识的普惠：短视频与知识传播研究报告［R/OL］．（2019-01-08）［2019-02-19］．http://www.ctowtiao.com/1287306.html.

启了新的方向：有形新媒体内容是核心需求；无形信息服务是体验需求，可增加用户黏性；增值衍生品是潜在需求，可获得广泛增益①。

1. 衍生产品

随着全媒体时代的到来，科普衍生产品也在悄然兴起。这样的衍生产品注入了科普元素，既能够丰富科普新媒体的内容和形式，也有助于拓展科普宣传的渠道，增强科普宣传的效果。科普衍生产品是一种由科普资源开发的、能够体现科学内涵、起到传播科学文化作用且便于交易的创意产品②。科普衍生产品在被消费的过程中传播了科学知识、科学方法、科学思想和科学精神，能够体现科学事件的社会影响力，但不同于科普展教品，科普衍生产品一般不用于展览，大多数由科普新媒体品牌发展而来，形式上都便于携带、易于出售③。

2. 交流活动

以科普新媒体专业特色和品牌优势为出发点，开展线上和线下的交流和培训活动。比如联合主管部门、行业协会、赞助方及媒体传播等资源开设论坛，实现增值。论坛可以使专业信息由新媒体文字变成音频、视频化的语言与图像，其传播影响力远大于传统科普媒体。

【案例 2–3】果壳网

2010 年 11 月，学者与科学作家出身的姬十三创办了“果壳网”，一跃成为一个多元、开放的泛科技兴趣社区，也成功构建了一个聚焦于科学领域的“社区 + 工具 + 内容”垂直平台。2014 年至今，果壳网已经亮相了一系列产品和活动，包括科学人、MOOC 学院、知性社区、研究生等产品，以及万有青年烩、万有青年烩 at、果壳公开课、菠萝科学奖、第八日等活动。这一时期，果

① 任健. 从“三次售卖”到信息服务多业态平台化集成提供——对期刊商业模式创新中支撑因素的探析［J］. 新闻大学，2012（1）：62–66.

② 周荣庭，黄堃. 科普产品的数字化创新［J］. 科普研究，2008（5）：33–37.

③ 周荣庭，周宏远. 数字化时代科普文创产品的设计与传播研究［J］. 自然科学博物馆研究，2019（1）：20–26，84.

壳网最大的变化是从科学传播转型为提供生活服务①，成功从垂直运营转向生活化运营。

在服务策划层面，果壳网成果突出相关衍生产品。果壳网在2014年尝试策划了一款科普知识的实物载体——日历。在这种传统媒体形式上，果壳网通过移动互联网技术赋予了它一个新使命：通过线下实体与线上内容的交互来传递人与城市、人与自然和谐关系的理念。日历中的每个物种名字背后都印有一个专属二维码，用户通过扫描日历上的二维码，就可以在当天零点收到一篇物种日历发布的物种科普文章。每一天，《物种日历》都在一点点传输科学知识，这是果壳网诞生的第一本《物种日历》。《物种日历》的成功，在科普行业激起一道涟漪，正如果壳网瞄准的正是《物种日历》的“新”形态和文化创意产业的“新”市场。

在社群运营方面，果壳网一直致力于提供高质量的生活化服务。果壳网策划了一系列基于已有科学社区的个性化服务，果壳网细分了许多社区，如瞄准教育领域的“MOOC学院”、聚集自然科普社群的“物种日历”、针对两性情感方向的“知性社区”、围绕怀孕备孕方向的“研究生”、着眼个性化咨询服务的“在行”、聚焦创客和创新方向的“果壳实验室”、主攻创业方向的“果壳空间”等②。在姬十三等人的努力下，“让科学流行起来”的果壳网理念很快落地实现。2012—2014年，果壳网找到科学研究者和科技爱好者这两个群体的交集，并着手建立了一个由科学爱好者组成的社区。

总的来说，果壳网在第一阶段结合自身严谨的“科学传播”定位，采用区别于知乎“用户生成内容”的方式，策划出一系列线上和线下相结合的科学知识创作和传播活动，吸引了大批为果壳网提供优质内容的核心作者用户，形成

① 爱范儿. 可能是最详细的成长攻略，解密果壳网成长的3个阶段.［EB/OL］.（2016-09-06）［2019-02-28］.http://www.woshipm.com/operate/408577.html.

② 果壳网. 大咖说 | 果壳网运营总监：垂直社区浪潮已经过去？怎么办？［EB/OL］.（2016-08-10）［2019-02-28］.https://mp.weixin.qq.com/s? __biz=MzA4ODI4OTAwNw==&mid=2650538388&idx=2&sn=58bce913093330684720527fd995d6c5&scene=7&key=7a6478666c9cbebcad633efdaa206715df1a62f957e3851dae25945a294bec389db8a4ff3c79657bac45be3c50ed2db1b73bed56ac8b3412cc0eba763ac5f856ac4e6d5138c11e396f6aaf7b7297b5c0&ascene=0&uin=Mjc2NjI5NTU%3D&devicetype=Windows+10&version=6206081f&lang=zh_CN&pass_ticket=CZVNcbqUjYYA1GloB8ovK2BOS4VSwtQKc0Msew1XT6k%3D.

具有科学权威性的“专业生成内容”；在第二阶段，果壳网通过建立垂直社区的方式引进科学爱好者，打造具有个人品牌的“明星”科学作者，策划社群运营活动来加强明星作者与其粉丝之间的强烈互动，稳定果壳网的科学社区；第三个阶段，果壳网细分科学社区，基于自身现有的内容积累和用户特征来策划科普新产品和新服务，实现由垂直化平台向生活化平台转型，从生活触达大众用户。“让科学流行起来”是果壳网的初衷，也是果壳网一直在坚持的理想。

第二节　科普新媒体创意策划实践

一、传统媒体科普的新媒体创意策划实践

（一）科普展品：“墨子号”的超媒体叙事

量子保密通信技术（以下简称量子通信）是指利用量子物理原理进行信息加密和传递的一种新型通信方式，是近20年发展起来的新型交叉学科，也是目前国际量子物理和信息科学的研究热点。

量子通信以往主要通过传统媒体如报纸、学术期刊论文、科普著作等形式进行科学家群体内传播和大众普及。但由于量子通信理论和技术本身具有高度的复杂性、抽象性和非接近性，长期以来无论是其科学原理还是实践应用的传播效果均有限。公众的理解仅停留在量子通信的字面意义层面，难以深入认知。这种认知的缺失常常造成公众对量子通信的神化和误解两种极端，神化的结果是“量子”两个字带来的高科技光环和误用，市场上出现的“量子茶杯”“量子饮料”就是例证。而误解常常来自于对量子通信的认知不足引发的伪科学批判。例如，量子通信中所涉及的量子纠缠过程本身只是用于产生随机密钥，这个过程不携带信息，也就不违反爱因斯坦的广义相对论。然而由于对原理的认知不足，部分公众误认为国内所宣传的量子通信是对信息的超光速传播，从而判定这种违反爱因斯坦相对论的理论是伪科学。如此种种，无论是“神化”还是误解均会对我国量子通信技术的发展造成损害和阻滞，权威、有

效的量子通信科学传播刻不容缓，因而应积极探索量子通信在新形势下的新媒体创意策划及其传播方式。

2016 年，中国科学技术大学终身学习实验室组建了一支科普团队，从传统媒体的科普产品发端，逐步探索实践，完成了针对量子通信的科普图书、科普微视频、移动端增强现实科普产品、增强现实体感技术科普产品和实体互动模型的“五位一体”的应用体系，环环相扣的量子通信科普超媒体叙事的创意策划和最终实现，取得了突出的传播效果，验证了从传统媒体科普转向超媒体叙事新媒体的创意策划实践的可行性和影响力。

整个过程的缘起是 2016 年笔者所带领的终身学习实验室翻译的《跨越时空的骰子》(*Quantum Chance*)一书。笔者于 2015—2016 年受上海科学技术出版社之邀，翻译了尼古拉·吉桑的这本著作。该书于 2016 年出版，并获得上海书展“二十大好书”的评价。时值我国发射第一颗量子通信卫星“墨子号”，因而取得了较好的传播效果。然而，该书的部分读者反映书中内容虽已经过详尽的解释但仍然难以理解。于是，我们科普团队结合自身的研究兴趣和知识技术的积累，开始尝试利用新媒体技术对量子通信科普进行创意策划和实践。

在内容策划层面，匹配媒体技术特征、明确受众定位、建立知识点结构矩阵（表 2-1）是我们进行创意策划的基本考虑。

表 2-1　量子通信科普的媒体与受众分类及其对应的知识点类型矩阵

媒体与受众分类	幼儿园	小　学	中　学	高中及以上	
图书文献				基础原理及其证明过程	科普硬核程度下降方向
微视频			基础原理的知识点	基础原理的知识点	
移动端增强现实产品		基本原理和应用	基本原理和应用	基本原理和应用	
AR 体感互动游戏	技术应用过程介绍	技术应用过程介绍	技术应用过程介绍		
	受众认知程度下降方向				

结合科普微视频、增强现实等媒体技术，该团队针对性地将量子通信全过程的“故事”叙事进行解构，从而在不同媒体形式上加以叙事和呈现。科普微视频具有及时性、趣味性、精炼性、符合网络传播规律的特点[①]，其科普内容策划要求逻辑清晰、简短精悍、切中要点、适应观众的品位，可以为观众提供一定程度的科普知识积累。在“墨子号”刚刚升空、全民关注量子通信的时间节点上，这是最适合的快速科普形式。增强现实技术具有沉浸性、构想性和交互性 3 个基本特征，适合在受众具有一定的知识积累的基础上进一步加深印象、激发兴趣、建立感性联系。在移动端增强现实应用的基础上，科普团队进一步开发了增强现实体感互动游戏，进一步简化和趣味化科普内容，使之面向低龄化、感性化的受众，2020 年开始，中国科学院“科学快车”科普宣传移动平台增加该游戏，从而将艰深晦涩的量子物理科普覆盖面拓宽。

实际上，量子通信科普的媒体策划与受众类别、对应知识点建立了不同联系（表 2–1），团队根据受众认知程度和科普内容的硬核程度做了细分和匹配，从而在创意策划时有针对性地进行设计。例如，针对高中及以上受众，科普重点在于对基础知识和认知能力要求最高的量子通信基础原理及其证明过程，采用的是图书文献等信息密度高的媒体形式。针对幼儿园孩子等低龄受众，采用的是体感互动等感性元素丰富的媒体形式，而科普内容也相应地调整为量子通信技术的应用过程介绍。以此类推，该项目建立了量子通信科普的知识结构矩阵，实现内容、受众、媒体三者的匹配，从而在科普新媒体策划层面进行了创新实践。

从《跨越时空的骰子》科普图书，到量子通信系列科普微视频，到移动端增强现实产品，到 AR 体感互动游戏，再到实体互动产品，其演进方式按照矩阵的规划，实现了量子通信原理和技术的超媒体叙事。传统媒体的“硬核”科普图书此处不做重点描述，下面介绍其他 3 种媒体产品的策划。

我们科普团队将量子通信技术的基本原理及其证明过程进行提炼，得到基础原理的知识点。在此基础上，策划制作了五集量子通信系列动漫科普微视频。第一集《EPR 佯谬的前世今生》选取的是量子通信原理中，与量子纠缠现

---

① 李雅筝，周荣庭. 科普新利器：基于时事热点内容创作的科普微视频——以飞碟说《雅安地震特辑》为例［J］. 科技传播，2014，6（2）：220–222.

象相关的玻尔与爱因斯坦二人的EPR佯谬论战的历史，说清楚了量子纠缠的存在性的基础证明“贝尔不等式”的提出过程，从而为后续视频打下了重要的知识基础。在此基础上，第二集《量子隐形传态》进一步介绍了量子通信中的量子纠缠这一基础原理。此后，第三集和第四集《量子密码术》（上、下）从密码学的层面分别介绍了基于RSA算法的传统加密和基于BB84协议的量子密钥分发，说明了量子通信的又一基础知识点，这对于后面理解墨子号科学试验卫星的工作原理和强大功能具有重要的奠定作用。在介绍完相关基础原理及其知识点之后，团队制作了第五集《量子科学试验卫星》，从应用层面对“墨子号”的四大科学实验、一系列量子通信配套设施进行了较全面的介绍。如此递进，逐步深入地将量子通信的基础原理和技术及其应用通过五集系列二维动画科普微视频进行系统的阐述。

但对于更低龄化的受众，这一系列科普微视频因缺乏互动性等特征，难以满足需求。于是，团队将量子通信的核心知识点进一步梳理和提炼，将其转移到互动性、沉浸性和构想性更佳的移动端增强现实产品中。团队制作了“墨子号”卫星3D模型，通过集成开发的软件将模型嵌合，与纸质目标识别物（如明信片、卡牌等）结合，设计了一系列与增强现实模型的互动模式，最终开发了基于AR技术的以“量子通信卫星”为主题的科普衍生产品，力求以直观而颇具魅力的形式向公众进行量子通信科普。结合纸质明信片，用户可扫描背面二维码下载“蜗壳儿”APP，并用手机扫描正面的量子实验卫星图案进入AR量子卫星科普界面，全方位呈现墨子号试验卫星的各个部件，拓展了人与3D卫星模型互动的外延，提高了传播效果。为了充分发挥增强现实技术的优势，将“墨子号”的应用过程进行趣味化解构，我们开发了量子科学试验卫星AR体感游戏应用软件，主要包括“介绍量子卫星”“拆解量子卫星”“模拟量子通信”3个游戏环节。在“介绍量子卫星”中，受众可以通过预先设定的互动手势移动并观察“墨子号”卫星的各个部位，在“拆解量子卫星”环节中，受众可以通过手势控制，将“墨子号”进行拆解，观察其内部结构，全程有文字介绍和配音讲解，全面增强科普效果。在“模拟量子通信”环节，受众可以“上帝视角”操控卫星，当卫星被放入预定轨道后，就可成功实现量子通信，其中还包括单颗量子通信卫星的“一夫当关”和两颗量子通信卫星的“双剑合璧”

两个游戏模块，展示用于远距离量子通信的多颗卫星的工作方式。

在以上超媒体叙事之外，本团队还设计了“墨子号”的周边产品。受众可以对“墨子号”卫星模型进行组装和涂色，进行“实物”创作。这一“科普图书—科普微视频—移动端增强现实产品—AR 体感互动游戏—实体互动产品”演化过程完整地演绎了“墨子号”科普的超媒体叙事链，全面地呈现了超媒体叙事出版物的连续性、体验的泛在性、受众参与的广泛性等核心特征。

在品牌策划方面，本团队紧紧抓住“墨子号”卫星这一重要 IP，从纵向的时间维度和横向的超媒体维度进行品牌塑造和内涵演绎。

纵向上，这些产品一方面回溯了与“墨子号”的诞生相关的量子通信原理及其历史，另一方面又根据科学家的指导和规划将“墨子号”卫星和量子通信的未来应用进行了可视化探索。在横向上，超媒体的叙事链将量子通信的知识结构进行分解，根据知识的特征和受众的认知特点匹配相应的媒体形式，围绕 IP 的科普内涵进行创意策划，实现了有效的超媒体传播。

在服务策划方面，该团队通过网络集中传播、科普交流活动、文创产品开发对产品的服务进行了再设计。该团队制作的系列科普微视频通过腾讯视频和官方微信公众号等不同渠道进行了集中推送，五集系列视频连续在相关平台上发布，共同构成了一个叙事整体，产生了较好的传播效果。此外，该团队曾受邀于 2016 年在合肥市科技馆举办了两次临展，主要展示“墨子号”卫星的体感游戏和移动端增强现实应用，这一科普志愿服务产生了一定的社会影响力。这一系列作品还在 2018 年中国科学技术大学的校庆活动日中进行展示，将这一系列作品以完整的超媒体叙事链形式展示，收到了极佳的传播效果。现场设置了两块屏幕，一块用于播放系列科普微视频，另一块用于 AR 体感游戏。受众体验从系列科普微视频导入，在建立了一定的知识基础后，进入移动端增强现实科普环节，利用手机、平板等智能设备结合 AR 明信片产品进行科普体验。此后，受众可参与量子通信的 AR 体感游戏，AR 明信片等周边产品作为小礼物赠送给参与体验的每一个受众。至此，受众体验了完整的超媒体叙事链服务。增强现实产品的虚拟性常常显得“虚”和“轻”，没有实实在在的厚重感，因而实体化、可接触的产品也是服务策划中必须考虑的问题。该团队在实体文创产品开发方面推出了包括上文提到的 AR 明信片和可互动的“墨子号”卫星实体模型两类。这个模型利用 3D 打印技术进行制作，受众可以通过给模型涂色等环节进行游戏交互，进一步改善传播效果。当然，模型的交互形式过于单一，与其他几种媒体形式的互动不足，没有与增强现实技术相结合，开发团队正在努力解决这些问题。

（二）科普图书：《未来机械世界》的叙事探索

《未来机械世界》由电子工业出版社于 2018 年 3 月出版，是一款基于 AR 沉浸式媒体技术的儿童科普系列读物。此类增强现实科普图书将 AR 技术运用于传统的科普图书，将静态的图文和互动的三维动画相结合，使抽象的科学知识还原成具体场景中生动的存在，是让读者深入体验的立体科普读物①。

这套丛书由中国科学技术大学先进技术研究院新媒体研究院进行新媒体数字互动内容的深度研发。丛书搭载的终端应用集成了三维高精度模型与动画场景等数字多媒体资源，可实现现实场景的实时识别定位跟踪与虚拟媒体素材的即时调用交互。

《未来机械世界》由澳大利亚作者兰斯·鲍尔钦创作，他是一位超凡的博物学家和艺术设计家。作者围绕生物学的进化论、物种共生以及食物链等展开科学想象，表达了人工智能飞速发展时代背后的理性思考与人文关怀。这部 AR 科普图书分为《昆虫》和《海洋》这两部绘本，描绘了未来人工智能生物与人类共存的奇幻世界，读者可以通过不同类型的移动终端进行交互式阅读。书中包含了机械生物详细的介绍和精美的配图，使得科普读物更加具体化。这部 AR 科普读物的主要读者定位为 5~12 周岁对科学知识或科幻内容感兴趣的少年儿童。在这一年龄段的读者正处在探索和认识世界的关键时期，想象力和创造力丰富，且富于探索世界的热情。读者通过移动终端扫描书中的机械生物，就能够在屏幕上看到这些机甲生物的 3D 立体模型。同时模型还配套了语音讲解和互动游戏，读者可以看、可以听、可以玩、可以拍照，真正实现了沉浸式的阅读体验。

这部 AR 科普图书（图 2–2）的完整产品周期包括了设计、开发、测试、

① 雷鸣，袁瑞芳．我国增强现实类儿童科普读物的出版策略［J］．出版广角，2017（6）：49–51.

发布、运营、维护、升级等多个阶段。在制作过程中，需要策划团队、设计团队、编程团队、拍摄团队、后期制作团队、测试团队等合作完成。内容策划与产品设计基于对用户需求的调研与了解，并通过技术开发与建模等环节完成产品的制作，再借助移动智能终端设备的呈现来实现与用户的人机交互，最后再通过用户的体验反馈进行需求的采集，使整个内容的生产过程形成闭环①。

图 2-2 《未来机械世界》封面

AR 科普图书通过科普内容叠加 AR 技术，实现了虚拟环境和真实环境的有机结合，调动听觉、视觉以及触觉等感官体验，体现了构想性、沉浸性以及互动性等基本特性②。因此，在《未来机械世界》中，如何将 AR 技术与叙事内容有效结合，借助 AR 增强阅读的沉浸感与交互感，从而增强此类科普读物的阅读效果与传播效果，是在策划过程中需要重点关注的内容。沉浸感与交互感来自听觉、视觉、触觉等多感官的协同与表达，因此图书内容设计、叙事策略、艺术制作、三维动画、声效处理与交互体验等多方面的策划，在这部 AR 科普图书的制作过程中是核心工作内容。

在图书视觉的策划与设计方面，《未来机械世界》中的机械生物在创作者兰斯・鲍尔钦的笔下精细、生动而优美。这种二维、静态的平面绘画，经过增强现实技术构建 3D 模型库，在新的空间维度上拥有了动态而鲜活的形象。在

① 周荣庭，王中贝. 虚拟现实出版物制作应用原则探究［J］. 中国出版，2018（16）：29-35.

② 周荣庭，胡贤凤. AR 科普图书的整合营销传播策略探析——以《未来机械世界》为例［J］. 科普研究，2019,14（2）:11-17，104.

策划过程中，策划团队为每个机械生物设计了动作姿态，设计了攻击、防御等姿态的动作与特效，并应用到 AR 建模中；读者在阅读图书时，可以借助手机 APP 来扫描平面形象，不仅可以切换任意视角观察富于动感的机械生物，并且可以点击攻击或防御按钮，使 AR 形象展现出不同的体态与特效，并通过移动设备的后置摄像头达到与机械生物的 AR 模型进行互动的效果，虚实结合，符合图书受众的年龄定位与使用偏好。

除了 AR 建模之外，在《未来机械世界》中还融合了与其他媒体形式交互的叙事策略。如图书封面的机甲生物形象，使用 APP 扫描后会展示一段视频（图 2-3）。这为读者介绍《未来机械世界》中的世界观与叙事背景——在未来，曾经由人类创造进化而来的机械生物与人类共存于地球上，并对人类造成了威胁，一场由人类谋划、针对机械生物的大规模战争一触即发，而本故事的主人公小女孩为了维护地球和平展开了一系列的活动。这段视频还通过对战画面介绍了机械生物中的一些物种，使读者对故事情节产生强烈兴趣，也便于读者在后续阅读中找到细节，发现真相。

图 2-3 《未来机械世界》封面 AR 扫描截图

在图书衍生品的开发方面，团队也设计了以《未来机械世界》中的各种机械生物为主题的贴纸和笔记本，同样可以用手机扫描出机械生物的 AR 模型，扩展了阅读与使用的情境，增加了叙事的渠道与方式，使产品更具可读性与可玩性。

二、科普新媒体的数字创意策划实践

（一）科学可视化：氯化钠的增强现实展示

1987 年在华盛顿召开的一次科学计算会议提出了针对大数据场的可视化的解决方案，并形成了题为"科学计算可视化"的报告①，被认为是科学可视化的开端②。可视化技术（Visualization Technology）属于计算机图形学的研究领域③，与多个学科交叉后，形成了科学可视化（Science Visualization）、知识可视化（Knowledge Visualization）、数据可视化（Data Visualization）等研究分支。

科学可视化在科学教育中一直扮演着重要的角色。科学研究中模型和建模是非常重要的方法，科学教育的核心目的之一即是让学习者掌握科学中的各种模型，并学会将其应用于解决实际问题。在新媒体时代，视觉模式教学主要应用的技术手段就是科学可视化——用计算机图形学来创建视觉图像，来帮助人们理解科学技术概念或结果的那些错综复杂而又规模庞大的数字表现形式①。因为视觉信息是人类最主要的信息来源，且 50% 的脑神经细胞与视觉相关②，所以，采用可视化技术的视觉模式教学在科学教育中就显得格外重要。

氯化钠是盐的基本成分，和我们的生活息息相关，但是氯化钠分子的结构很难观测。在进行这一部分内容教学的过程中，学生由于脑海中没有氯化钠分子形状及相关感性的概念做铺垫，利用增强现实的科学可视化手段就可以帮助学习理解。如图 2-4 所示，学生可以借助移动终端和氯化钠模型进行交互，可以仔细学习氯化钠分子的结构。因此，科学可视化内容帮助学生直观地了解科学知识，大力增强科普新媒体的传播效果。

---

① MCCORMICK B H. Visualization in Scientific Computing［J］. Computer Graphics，1987，21（6）：1.

② 刘晓强．科学可视化的研究现状与发展趋势［J］．工程图学学报，1997（Z1）：128-134.

③ 王国燕，汤书昆．传播学视角下的科学可视化研究［J］．科普研究，2013，8（6）：20-26.

图 2-4 氯化钠分子的增强现实模型

（二）科普游戏:《物种起源》的内容策划

《物种起源》是由起源工作室开发的一款科普游戏，于 2017 年 6 月 8 日上线。游戏以达尔文生物进化方面的重要著作《论依据自然选择即在生存斗争中保存优良族的物种起源》为背景，囊括了大量自然科学知识，旨在让玩家在游戏中体验宇宙和生命的奇妙。在游戏中，玩家成为整个世界的主宰者，需要从大爆炸开始，逐步产生粒子，最后一步一步组成物质、组成星球、形成宇宙。在游戏中，玩家的核心任务就是经营宇宙的发展方向，需要通过不断进化物种来探索星系并发展科学，慢慢地重现如今的宇宙。自上线以来,《物种起源》游戏就广受玩家欢迎，在 TapTap 上的总下载量超过 140 万次，关注人数超过 86 万人，评分更是达到了 9 分。作为一款受玩家热捧的科普游戏,《物种起源》在创意策划过程中的思路和方法值得学习和借鉴。

首先，在策划理念上,《物种起源》以玩家为中心，提供满足他们需求的服务。现今快节奏的生活氛围中，许多玩家没有足够的时间和精力去玩大型游戏，一些小而精的游戏逐渐受到关注。而《物种起源》作为一款放置类游戏，玩家只需要把游戏开启，并不需要长时间操作，系统就可以自动运行并在一段时间后得到游戏结果，节省了玩家的操作时间和精力。每一次上线后，玩家都可以获得一定的奖励或回报，这些奖励和回报带给玩家较强的成就感。同时，与其他类型的游戏比较，《物种起源》的操作简单，玩家容易上手操作，甚至不需要“新手指引”环节就可以开始游戏，受众面更广。该游戏还引入了“排行榜”机制，级别高的玩家就可以上榜，在一定程度上满足了用户的社交需求。此外，该游戏还以植入广告的形式盈利，玩家通过看广告的方式就能免费获得游戏道具，减少了玩家的使用投入。总之，《物种起源》正是在策划时充分考虑玩家心理，才凭借游戏耗时短、门槛低、难度低、社交性强、费用低等一系列特点吸引了大批休闲类玩家的加入。

其次，在内容策划上，《物种起源》兼具娱乐性和教育性。在科普游戏中，如何更好地平衡娱乐性和教育性是开发者们经常遇到的难题。某些科普游戏在内容策划中只注重娱乐性，把科学普及当成游戏的附庸或点缀，使得科学性缺乏。而有些则将科普凌驾于游戏之上，在设计中未能摆脱传统的说教式的理念，沦为知识灌输的工具，导致游戏缺乏可玩性，很难吸引玩家[①]。《物种起源》在策划时就将游戏的娱乐功能放在首位。玩家在游戏过程中需要不断积累资源完成进化，积累到一定量级后方可进阶，如要采集足够的原子核才能组成原子等。整个游戏过程设计合理、娱乐性较强，每一次的升级玩家都可以看到新的变化。而在教育性方面，游戏需要玩家从原子进化成真正的生物，通过不断进化，从海洋走向陆地，在这个过程中生物学知识就被巧妙地融入游戏之中，玩家在体验游戏时就可以学习科学知识。《物种起源》这款科普游戏正是借助游戏的愉悦感所带来的自愿性，促使玩家在游戏过程中更加注意其中的科学知识，以此提升玩家的科学素养。

再次，在服务策划上，《物种起源》注重互动性。有些科普游戏的玩法单一，只以一种单向模式向玩家传授知识，忽视了与玩家之间的互动。《物种起源》游戏开始之初就给予玩家“自己当造物主”的设定，为玩家营造了无限的想象空间。在整个游戏过程中，玩家需要合理分配“雷电”“粒子”“尘埃”“智慧”等元素，才能最快地完成进化。“宇宙大爆炸”则帮助玩家在升级

① 周荣庭，方可人. 关于科普游戏的思考——探寻科学普及与电子游戏的融合［J］. 科普研究，2013，8（6）：60–66.

速度和资源获取上占据优势，最终登上玩家排行榜。而多支线玩法的引入更是强化了《物种起源》游戏的带入感和可玩性，使玩家获得全新的游戏体验。众多玩家经常在论坛和QQ群中热烈讨论如何进行合理的资源分配，以达到晋级的目的。可见游戏的互动性带给了玩家探索的乐趣。

最后，《物种起源》作为一款优秀的科普游戏，从音乐到界面设计，再到环节设定和内容策划都贯彻了“物种起源”的主题和科学精神。科普游戏作为游戏的一种重要形式，需要在创意策划时以尊重玩家的游戏需求为前提，在内容上兼顾娱乐性和教育性，在体验中注重互动性。同时在科普游戏中传播科学知识的目的最好是隐藏在游戏目的背后，要鼓励玩家在游戏中不断探索、观察，通过体验活动去理解和运用知识和技能，从而达到玩中学，学中玩的境界。

第三节　科普新媒体的内容生产

一、科普新媒体信息采集与筛选

（一）科普新媒体信息的采集

新媒体传播技术的进步，对科普新媒体内容的创作、收集、存储和传输产生了革命性影响。有别于传统媒体容易获得独家的、权威的内容素材和重大新闻的独家发布权，社交媒体下个体信息交互作用推动了自媒体内容的生产[①]。科普新媒体逐渐成为科普内容生产的重要信息来源，科普新媒体内容生产模式也逐渐发生重大转变。从信息来源看，科普新媒体信息来自科学家或科学共同体、科普新媒体在线资源服务、受众群体的参与以及科普新媒体从业人员的自主采集。

① 任慧，曹珊，李巍霞. 媒介内容产业生产趋势、困境与治理机制研究——基于新媒体传播生态的思考［J］. 现代传播（中国传媒大学学报），2014，36（12）：57-60.

1. 选自科学家或科学共同体的信息

科普活动离不开科学家和科学共同体的参与，科技知识到科普知识的转化也离不开科学家和科学共同体的专业解读。科学家或科学共同体不仅是科普新媒体运营的重要主体，还是科普知识传播的信息源头。经过科学家或科学共同体的精确“翻译”，把晦涩高深的科技知识转化为通俗易懂的科普知识，再经由大众传播渠道传达给受众，受众就能获取并掌握，从而达到科普的目的。

【案例 2–4】布莱恩·考克斯

布莱恩·考克斯（Brian Cox）生于1968年3月3日，是英国粒子物理学家、英国皇家学会研究员、粒子物理与天文学研究理事会（PPARC）高级研究员以及大英帝国勋章获得者。他也是曼彻斯特大学教授，参与欧洲原子核研究委员会大型强子对撞机超环面仪器的试验工作。在20世纪90年代，他当过英国流行乐队D.Ream的键盘手，曾经是个名气不小的摇滚明星。在他众多的身份中，最为公众熟悉的是科学节目主持人，英国妇孺皆知的“科学化身”。作为科学家，布莱恩·考克斯当选过《人物》杂志“年度百大性感男士”。作为节目主持人，他只想告诉观众：科学真的很有趣。布莱恩·考克斯聚焦于大众科普，专注于科学研究和科学传播，开展科学巡回演讲、主持一系列科学纪录片的现场讲解以及撰写科普书籍等。用浅显易懂的语言解释深奥的科学道理，成为英国乃至世界闻名的科学明星。他参与BBC电视与广播节目的出演和创作。曾参与BBC“地平线”（Horizon）节目的拍摄，完成了“在爱因斯坦的阴影下”“重力错乱”“时空谜团”等节目。鉴于考克斯所参与的节目收视率爆棚，BBC决定为他开辟一个新专栏——“奇迹（Wonder）系列”。其中，2010年纪录片《太阳系的奇迹》（*Wonders of the Solar System*）、2011年纪录片《宇宙的奇迹》（*Wonders of the Universe*）、2013年纪录片《生命的奇迹》（*Wonders of Life*）以及《直播仰望星空》（*Space Hoppers*）等，均大获好评。他和喜剧演员罗宾·因斯（Robin Ince）共同主持了“无限猴笼”（*The Infinite Monkey Cage*）的科普广播节目，也因幽默风趣的节目风格获得听众的喜爱。布莱恩·考克斯还是超过950本科学书籍的作者和联合作者，比如科学书籍《为什

么 $E=mc^2$？——从都能读懂的相对论》和《量子宇宙》也受到读者的热捧，深受读者的喜爱。

布莱恩·考克斯曾说过，“人们可以像享受音乐和其他流行文化一样，享受科学知识和探索乐趣。”他用浅显有趣的语言向公众解释原本复杂枯燥的科学知识，布莱恩·考克斯式科普风格深入人心。考克斯为推广科学普及所做的努力获得大众的高度认可。2010 年，英国物理学会授予他“凯文奖”，表彰他“向公众传播物理学魅力”的努力。2011 年，考克斯因主持《宇宙的奇迹》获得英国皇家电视协会颁发的最佳主持人奖。

2. 选自新媒体的信息

科普新媒体是科普知识传播的信息源头，也是信息采集的重要渠道。根据中国科协发布的中国网民科普需求搜索行为报告（2019 年第一季度）显示，2018 年中国网民科普搜索指数为 91.64 亿，较 2017 年增长 19.17%。从搜索终端来看，移动端科普搜索指数同比增长 22.15%，达 70.61 亿；PC 端科普搜索指数同比增长 10.14%，达 21.03 亿。移动端科普搜索指数是 PC 端的 3.36 倍[①]。截至 2019 年 5 月 17 日，在清博指数上通过搜索“科普”和“科学”词汇，得到相关微信公众号多达 4065 个，一年内检索到的微信文章超过 45 万篇，总阅读数超过 4.9 亿；在新浪微博认证用户中，以“科学传播”和“科普”为名称或标签的机构认证微博号有 2156 个，个人认证微博号有 2827 个。与传统媒体相比，新媒体具有即时性与互动性，海量性与共享性、社群化与个性化等特性，这些特性弥补了传统科普传播信息容量小、互动性不强、形式相对单一等不足，给科普传播带来了颠覆性变化[②]。借助科普新媒体，一方面能够提升公众获取科普信息的效率；另一方面突破时空限制，减少了信息传播成本，让科普信息发布更加顺畅便捷。

---

① 中国科学技术协会. 中国网民科普需求搜索行为报告（2019 年第一季度）[EB/OL].（2019-04-26）[2019-05-01]. http://www.cast.org.cn/art/2019/4/26/art_1281_94546.html.

② 徐静休，朱慧. 新媒体时代提升科普传播效果的对策与建议——以科普新媒体“科普中国”和“果壳网”为例［J］. 传媒，2018（18）：54-57.

【案例 2–5】丁香医生

丁香医生是由丁香园团队开发的面向普通大众的医学健康类相关服务平台。平台现已包含网站、应用软件、小程序以及公众号矩阵等。旗下拥有多个模块，如丁香妈妈、丁香健康，每个模块各自包含针对不同服务对象不同诉求的信息。丁香医生网站对于自身的定义是：“丁香医生是专注提供医学健康内容与医疗健康服务的平台，提供专业医生写的科普文章，正确的就医用药参考，找医院查疾病的 APP 工具，以及专业贴心的线下诊所服务”。网站包含“在线问诊”“健康科普”“名医问诊”等。丁香医生公众号强调自身是“专业、好玩、有态度，新一代的大众健康媒体”。实际上，无论是网站还是公众号，丁香医生都通过大量的科普文章，致力于提升受众的健康知识水平。

丁香医生运营特点包括，一是所有服务均面向客户端。丁香医生的所有平台服务均面向普通大众，为普通大众的求诊、咨询、购药、科普需求提供服务。在拥有了丁香园平台建设经验之后，丁香园团队将目标对象由专业医学背景的人群转向了普通大众，建立起全方位的服务体系。二是不同平台除核心功能外，各有延伸。丁香医生主要的平台包括网站、微信公众号和移动端应用软件。丁香医生网站涵盖内容较为广泛，包括问询、用药咨询、医生医院评价、专题科普等，基本涵盖了移动端微信公众号与应用软件的大部分功能，但是主要的功能还是突出在问诊以及移动端所缺失的用药咨询上。微信公众号虽然在菜单栏同样设置了课程进行销售以及问诊，但其主要功能在于推送科普文章，通过这样的科普吸引新用户以及提升老用户黏性。移动端应用软件则拥有以上两者所没有的功能——购买药品，这也符合大众在移动端购买的使用习惯，同时也有问诊以及一些医师讲堂课程。三是坚持内容至上的原则。丁香医生微信公众号内容原创度很高，这与其坚持原创的定位高度吻合。其优质的内容使得用户黏性不断提高。医生严格的准入门槛也使得问诊咨询的结果更加准确，患病人群更加满意，从而提高了问诊咨询的使用率。

3. 选自受众的信息

网络新媒体打破了信息传受主体之间的身份隔阂，置身在新媒体环境中的每一个组织或个体，既可以是接收者也可以是传播者。而在信息传受的过程中，这样的身份转换是可以即时发生的。因此，当下信息社会依赖各种信息技术构建了强大的基础设施，信息共享体系可由更多个体、私人领域和专业传播机构共同构建。受众提供可供筛选的科普信息，在新媒体环境中，通过微博、微信、论坛等，发布更具有个体化和个人化的科普信息，丰富了科普新媒体的信息来源。

【案例 2–6】美国康奈尔大学观鸟计划

起源于 19 世纪末的观鸟活动是公民科学的典型代表，众多志愿者的参与弥补了科学家在大范围空间尺度上鸟类观测数据获取不足的问题。新媒体技术的应用使公民科学在提高公众参与科学过程中发挥着越来越重要的作用。

美国康奈尔大学鸟类实验室建设的 All About Birds 在线社区拥有来自各行各业的超过 40 万名公民科学参与者以及覆盖各年龄阶段的 1400 万名鸟类爱好者[①]，仅 eBird 项目每月就会收到超过 750 万次的观鸟记录。

该计划会对参与者进行规范的科学活动指导，可利用大量的观测数据生成图表、地图与详细的分析结果，在对公众进行科普的同时也帮助科学家更好地了解鸟类的生活模式，以及影响它们的环境和人为因素。

4. 科普新媒体从业人员自主采集的信息

新媒体在科学普及中发挥着重要作用，而新媒体从业人员则成为科学家和公众沟通交流的桥梁。在科普新媒体行业有大量从业人员，他们是科普的生力军，担负起向外行听众介绍科学的重要职责。这既包括科普新媒体专业编辑、采编人员等，也包括科学作者、自由撰稿人、科技管理部门的工作人员等。科普新媒体从业人员自主采集的信息不仅有助于扩大普及科学知识的信息来源，还能为科普新媒体内容生产提供源源不断的素材。

① The Cornell Lab of Ornithology. http://www.birds.cornell.edu/page.aspx? pid=1609.

【案例 2-7】中国科普博览

中国科普博览是一个综合性的、以宣传科学知识、提高全民科学文化素质为目的的大型科普网站。网站成立于 1999 年，是我国最早启动的大型综合性科普网站之一，也是国内最早以虚拟博物馆传播科学知识的网站。它在中国科学院科学传播局、中国科学院网信办的指导下，由中国科学院计算机网络信息中心主办。网站依托中国科学院丰富的科普资源，以资源集成为基础，以“传播、互动、交流、服务”作为建站理念，逐渐发展成为知识体系完善、资源丰富，形式新颖，集开放式、参与式、互动式于一体的中科院网络化科学传播门户，成为人与人交互的科学传播平台。在以中国科学院科学数据库为基本信息资源的基础上，以中国科学院分布在全国各地的专业研究所为依托，扩散到全国各地著名的科研机构、科普机构，采用面向高速网络的先进网络多媒体技术，系统地采集全国各具特色的科普信息。中国科普博览引入了许多新的科普模式，已逐步发展为网络化科学传播平台，内容覆盖了自然科学的绝大部分学科和社会科学领域，囊括了虚拟博物馆群、虚拟体验、科学家视点、专题透视、科普纵览、多媒体资源库、电子杂志、无线科普等多种内容翔实、形式生动的科普栏目。网站的科普知识具有系统性、科学性、权威性以及表述的通俗性与趣味性等特点，在我国科普事业中发挥了示范作用。中国科普博览先后获得“中国优秀文化网站”“联合国世界信息峰会大奖（The World Summit Award）”“全国优秀科普网站”奖项。

（二）科普新媒体信息的筛选原则

1. 科学性原则

翟杰全曾将科技传播的“科学性”定义为“科技信息源自科技活动、科技实践，经受过实践检验或科学共同体的‘科学’评判，反映客观规律和科学技术活动态度”。科普的科学性是在遵循科学的特征、表达科学特性的基础上，创造性地把专业领域科学的真理性、客观性以适应大众接受能力的通俗性、易理解性的方式进行传播从而为大众所掌握。

新媒体对传播的科学技术知识、方法等的科学性、准确性的掌握是做好新媒体科普的重要前提，若人云亦云，传播不正确的观点、知识、方法，充当了伪科学的传播者则会造成恶劣的影响。特别是当社会上对一些科学技术知识和应用方面存在不同看法和理解时，新媒体机构必须审慎审核，没有准确的、权威的科学支撑，不可轻易发布或转发。目前在一些网站存在一些不准确，甚至是错误的知识和信息，给新媒体使用者带来了误导和危害，影响了新媒体的声誉和公众对新媒体的信任。

2. 独特性原则

科普新媒体的生命力就在于每个人都可以成为科普的传播者和受众，呈现出人本传媒的特征，表现为受众拥有巨大的参与权和话语权，传播者和接受者之间的区别在弱化①。随着新媒体影响力的扩大，人们在科学技术知识和信息的发布和转发中，实际上已形成了无形的规则，如创作者不懂的、没把握的信息不轻易发布（包括转发）。因此，独特性是科普新媒体策划诸多因素中最具有魅力的部分。独特性的信息筛选带来与众不同的新奇感，总是能激发受众强烈的兴趣和广泛的注意，在其脑海中留下深刻的印象，有可能长时间不被忘记。传统科普大多是无差异的讲座、一般的展板、泛泛的科普咨询，传播者面对不同知识背景和兴趣的受众，对科普的难易、深浅难以把握，其效果易打折扣。科普新媒体则需针对人们个性化的需求和兴趣，打造出不同程度的科普平台供人们选择。同时，科普新媒体也具有可定制的特点，用户提出要求，专门机构或业余爱好者就可很快为其提供结果。遇到一般人无力解决的科技难题，则可通过科普平台求助专家或专业机构，令寻求帮助者可以较低成本快捷地解决问题。

3. 连续性原则

由于互联网的动态性，科普新媒体对已经选择的资源需要经常维护，还要不断增加新的资源。因此，必须有目的地跟踪科普信息的发布，同时利用大数据技术，进行科普信息资源的用户信息收集与整合，利用算法精准推测用户需求走向，在信息筛选上紧跟传播动态，不断地更新内容。

---

① 刘冰．新媒体变革——跨入人本传媒时代［J］．传媒，2012（2）:18-19.

二、科普新媒体信息编辑与制作

（一）内容生产工具

1. 舆情收听工具

内容生产的开端是了解科普新媒体的用户需求，因此科普新媒体组织学会使用舆情收听工具，可以及时地掌握时事热点和用户动态，把握用户的前沿需求和社会的热点话题，本书主要推荐“清博舆情”“新榜”等第三方舆情监测平台，供科普新媒体选择查找相关话题信息。

2. 内容编辑工具

内容编辑是科普新媒体在创意策划之后的重要工作环节，在传统的编辑工具中，主要涵盖对文字、图片、音频、视频的编辑处理工具，本书在此就不再一一赘述。全媒体时代的科普新媒体内容编辑，应着重把握新技术的应用与创新，重点关注 AR 编辑平台、XR 编辑平台、3D 打印平台、H5 编辑平台、人工智能技术平台等新兴技术内容编辑平台的运用和融合，提倡科普新媒体组织对员工进行新兴内容编辑工具的培训和普及。

（二）内容生产方式的消解与重构

1. 基于 Web 2.0 的社会化生产：以“DOU 知计划”科普行动为例

2019 年 3 月 21 日，中国科学院科学传播局、中国科学技术协会科普部、中国科学报社、中国科技馆、字节跳动在中国科学院学术会堂宣布，联合发起名为“DOU 知计划”的全民短视频科普行动，号召全国科研机构、科研人员及其他有科普内容创作能力的机构和个人，基于抖音短视频平台积极创作、发布科普短视频，旨在通过短视频这种大众更易接受和参与的方式介绍科学知识、倡导科学方法、传播科学思想、弘扬科学精神，从而助力全民科学素质提升。

作为一款可以拍摄创意短视频的社交软件，“抖音”APP 于 2016 年 9 月上线，是一个专注年轻人的短视频社区平台，用户可以通过这款软件在手机上简单快速地完成视频拍摄、剪辑、配音、配乐等流程。抖音凭借其卓越的 UI 设计，在青年人群体中引发使用潮流。

作为新技术推动科普工作最典型的例子，“科抖”在抖音平台上以科普网红的身份活跃其中。2019 年“DOU 知计划”的启动，不仅可以提升科普内容影响力，也能号召更多科学内容作者加入短视频科普队伍，从而发现、选拔出更多抖音科普“网红”，推动科普短视频走向全民时代。

据抖音运营人员介绍，在“DOU 知计划”的科普内容中，“越硬核的科普内容，越受粉丝欢迎”，而且内容点赞量等数据反映出科普作者粉丝的黏性远高于平台作者的平均水平。抖音科普短视频的单条播放量是抖音整体条均播放量的 5 倍。以中国科学院旗下科普抖音号为例，“中科院之声”“中科院物理所”“中国科普博览”等“学院派”科普机构账号的累计粉丝已突破 278 万人。

抖音最初的平台定位属于广义的社交类 APP。但随着“DOU 知计划”的开展，抖音开始成为一个社会化知识分享平台，为科学工作者在平台上展示创造了条件，建立了更加灵活多样的知识分享形式，拓展了知识分享的渠道，将“碎片化”知识与系统性知识进行有机结合，建立了一个充分展示的舞台。通过赛制建立激励制度——如获奖团队抖音号将获得抖音官方包装推广宣传或在一定时间内的重点推荐，结合抖音的算法平台推广，让科学工作者成为合伙人，使他们由平台的使用者转变为平台的建设者，更加激发了科学工作者的分享热情。

2019 年 5 月 9 日，抖音平台公布了由中国科学院院士匡廷云、中国工程院院士卢耀如等组成的抖音科普顾问团（专家团）评审的结果，从该次大赛收到的 1078 件科普作品中评选出 3 个一等奖作品、5 个二等奖作品、12 个三等奖作品、15 个分类奖作品和若干入围作品，内容涵盖科学知识、科学实验、科学考察、科研成果四大主题，累计播放量超过 3 亿次。其中，国家天文台、紫金山天文台等 3 家单位的参赛作品荣获一等奖；中国科学技术出版社、地球研究院、石头科普工作室等 5 家单位的参赛作品荣获二等奖。

从抖音公布的“DOU 知计划”获奖名单中，可以看出参与比赛的科学工作者不仅来自中国各地的顶级科研院所，而且视频拍摄的风格也非常多样化，从实验室的仪器拍摄定格动画，科普短视频不仅在科学性上更具保障性，也更为贴近年轻人的浏览习惯，增加了内容的趣味性。

科学工作者虽然不具备记者的专业信息采编能力，但是媒体技术的渗透和简便化趋势使得他们有机会传递科学信息。此次“DOU 知计划”采用的“众包”形式，吸引了大量的科学工作者来拍摄、编辑，凸显社会化媒体技术编织的沟通网络可能比行政动员模式、商业模式更加有效地组织科学人才资源；在降低参与门槛的同时，赋予了各科学工作者以充分的表达机会；参与拍摄创作的科学工作者学科背景多元化，促进了不同视角的碰撞，并且最大限度地开发个性化内容，减少产生系统性偏见的可能性。

2. 融合背景下的全媒体内容生产：以《中国国家地理》为例

《中国国家地理》是中国科学院地理科学与资源研究所和中国地理学会主办的一本科普期刊。前身《地理知识》，由周立三、吴传钧等 8 位知名的地理工作者于 1950 年在南京创办。2000 年杂志社在社长李栓科的带领下改名为《中国国家地理》，并提出“推开自然之门，昭示人文精华”的办刊口号，向国人传递地理知识。经过调整改版后，该刊从专业性的行业学会地理杂志逐渐转变为人文社科类的科学传媒，增添了天文、生物、考古、旅游、历史、人文等诸多领域的内容。自从 2004 年在中国台湾地区成功发行了中文繁体版之后，该刊陆续推出了日文版、港澳繁体版（2008 年）、英文版（2009 年）等。子刊方面，2004 年该刊推出了青少年版的《博物》，2008 年与《中华遗产》杂志合作发行了专业性期刊《中华遗产》，2009 年 7 月推出《中国国家地理》旅行版独家原创付费电子杂志《行天下》。专刊方面，2005 年“选美中国”“景观大道”等特辑出版屡创新高。该刊中文简体版每期的平均发行量牢牢稳定在 100 万册以上。作为我国国内唯一一家成功输出版权、实现目标转型和受众细分的杂志，成为目前国内外图书馆的重点收藏期刊[①]。

《中国国家地理》可以说是中国科技期刊界的一个奇迹，更是全媒体融合发展的典范。其发展之路已成为传媒界很多学者的研究课题[②]。2008 年中国国家地理杂志社成立了新媒体事业部，陆续推出了官方网站、论坛、官方微博、官方微信、小程序、手机终端 APP、电子杂志和手机报等数字化产品。2013 年 12 月，该刊被评为我国首批数字出版转型示范单位。作为我国老牌科普期刊在新媒体环境下转型的示范单位，该刊的一些运营模式和理念值得借鉴。

① 吕婷. 新媒体环境下《中国国家地理》的经营策略研究［D］. 兰州：兰州大学，2015.

② 俞敏，刘德生. 科普期刊全媒体融合发展典型案例解析［J］. 现代出版，2017（1）：49-52.

（1）官方网站 dili360 的内容生产。2006 年 3 月，中国国家地理网上线。初期，该网站以 www.CNG.com 为域名，访问量始终不尽人意。为方便受众识别记忆，2008 年杂志社直接将域名更改为 www.dili360.com，以“阅古今、品天下、行生活”为宗旨。官网采用与期刊封面统一的简洁风格（图 2–5）。在网站的栏目设计上，将网站建设与期刊开发进行高度对接，提高用户黏度的同时，也向受众输出了与品牌相关联的、能够引发互动和充满情感的具体场景，并在横向栏目设计中设置了“谈资”一栏，用户可以对图片故事进行点赞评论，也可以自己投稿。通过建立官方网站，该刊将购买渠道、APP 下载、品牌推广、增值服务等进行了整合。

图 2–5　中国国家地理网首页

（2）基于微博、微信平台的内容生产。2017 年，2065 个科普类微博发布各类文章 66.45 万篇，阅读量达到 44.09 亿次。5488 个科普类微信公众号发布各类文章 87.49 万篇，阅读量达到 6.94 亿次①。这也说明了新媒体时代，基于微博、微信等平台进行科普宣传的力量不容小觑。

①基于微博平台的概况。《中国国家地理》于 2009 年 9 月进驻新浪微博，开通了 @ 中国国家地理官方微博，并且在创建初期，紧随期刊的定位，打出

① 刘垠. 2017 年度全国科普统计数据出炉［EB/OL］.（2018–12–19）［2019–02–18］http://scitech.people.com.cn/n1/2018/1219/c1057–30475746.html.

了“推开自然之门，昭示人文精华，弘扬科学精神，构建国家形象，凝聚家国情怀”的办刊宗旨，并根据杂志社不同的职能部门对后续的品牌进行延伸。截至 2019 年 5 月，除官方微博 @ 中国国家地理（958 万）、@ 中国国家地理旗舰店（366 万）、@ 中国国家地理网（4 万）、@ 中国国家地理图书（8 万）、@ 中国国家地理特刊（2 万）、@ 中国国家地理高校社团联盟（4 万）、@ 博物杂志（1033 万）、@ 中华遗产杂志（91 万）等 10 余个账号之外，一些个体的微博意见领袖，如社长 @ 李栓科（237 万）、执行总编 @ 单之蔷（84 万）以及签约的摄影记者［如中国国家地理网专栏作者 @ 托斯卡纳 TSKN（104 万）］等的微博影响力也相当大。通过这些微博账号之间互相配合形成流量交叉和读者交叉，提升杂志的整体影响力同时也有助于一些活动的开展和受众参与。

《中国国家地理》杂志已经成功打造了诸如地理君、博物君、遗产娘、售前君、探险郎、风物君等形象，形成了自己的 IP 群。其中 @ 博物杂志在运营过程中被塑造成一个幽默风趣的拟人化形象，所有微博都以第一口吻发布，配合独特的语言风格，形成了“博物君”的专属形象标签。在个人形象上，账号以一个绿松石的简洁人物团来巩固“博物君”的形象，有时还会结合杂志当期不同主题更换人物场景，塑造了一个亲民的科普形象。

②基于微信的平台——公众号矩阵、小程序。2011 年腾讯推出了微信，将“自媒体”时代推向了另一高峰。《中国国家地理》在 2013 年创建了中国国家地理的官方微信号（dili360），与网站的域名相同，品牌塑造上维持了一贯性，方便受众进行形象识别。此外，又陆续注册了“中国国家地理 BOOK”“中国国家地理特刊”“中国国家地理 +”等微信号。图标也基本保持一致，以红色打底，在中国国家地理的品牌标志下方加上简单的文字说明。

2017 年微信小程序正式上线，微信小程序是一种不需要下载安装即可使用的应用，实现了应用“触手可及”的梦想，用户扫一扫或扫一下即可打开应用。随后不久，中国国家地理推出了“中国国家地理畅读”的微信小程序，用户可以在微信小程序中进行《中国国家地理》及其子刊的订阅，并且“美文共读”版块精选《中国国家地理》及其子刊中一些阅读量大的文章进行刊登，读者可以免费进行阅读转载。不仅如此，由于“中国国家地理畅读”微信小程序上线后苹果手机用户无法在微信小程序中进行支付，平台推出了一款“地理币”，目前苹果、安卓用户都可以通过充值地理币进行支付。

（3）智能终端的APP——中国国家地理、掌途。《中国国家地理》目前已经完善在PC、Pad、手机等终端上的APP软件版本，可以实现内容同步上线、一次购买、多屏阅读的功能。基于《中国国家地理》杂志的官方APP功能丰富，主要分为4个栏目——首页、杂志、每日一图、更多（账户设置、系统管理、收藏管理、关于、推荐引用、中国国家地理杂志《行天下》特别版、China Scenic）等。“每日一图”提供了大量精美、高清的地理图片并附有专业的解读，读者不仅可以进行图片的下载，还可以点赞转发到自己的社交媒体平台。此外，该APP还提供了一个独特的功能，在左上角的定位标志可以帮助受众快读获取周围的“最美景观拍摄点”或者查询旅游的目标所在地的“最美景观拍摄点”。这一延伸功能提高了用户的使用体验，带来了有别于纸质版期刊的新的使用体验。此外，读者可以根据自己的需求和兴趣对整本或者部分章节进行付费阅读，这样不仅可以促使读者尽快完成期刊的内容选取和阅读，点击率和购买率可以反映读者的兴趣所在，通过这些数据可以即时获取读者反馈信息。

除此之外，中国国家地理还推出了掌途APP，这是一款由中国国家地理新媒体开发的全新旅游APP，主打“为快乐旅游而生”。用户可以在旅途中找景点、找停车场、找餐厅、找厕所，还可以随时记录、分享旅途中的精彩瞬间，此外，还可以通过定位、评论、收藏、分享、点赞等进行社交互动。

综上，《中国国家地理》通过客户端向读者提供便捷的购买和阅读服务，在推销内容的同时也有助于品牌的进一步推广和夯实用户基础。

（4）电子杂志《行天下》的内容筛选与形式。电子杂志作为一类重要的数字出版产品，将图片、文字、声音、视频、音频甚至游戏等多种媒体手段相融合，具有成本低、即时互动、媒体呈现形式丰富、感染力强等优点。我国电子杂志发展肇始于2006年。随着数字化发展的不断深入，尤其是移动互联网和云计算等技术的发展，平板和智能手机给电子杂志的发展带来了勃勃生机。

在互联网时代，携程网、去哪儿网、同程网、途牛网等几十家大大小小的旅游网站在瓜分旅游市场的同时分流了一部分“精英世界”受众。2009年7月，《中国国家地理》应时而动与一些知名的旅游网站合作开发了以旅游为主题的电子版杂志《行天下》，每期定价为5元。该刊主要内容定位在旅游地理，与传统的将纸质版杂志电子化的运营方式不同，其主要是基于 P2P 技术，将多媒体技术与用户互动充分融合。办刊宗旨是“景色前沿，出行先锋”。该刊最初使用 Flash 制作，内容全部原创，由专门的部门负责，最初在网站上发行，之后通过客户端打通了电脑屏、手机屏、Pad 屏和电视屏四屏业务。《行天下》在内容策划和表现方式方面充分发挥了传统媒体向新媒体运营观念的转变，以读者（用户）为中心，是其办刊原则。

在内容筛选方面，①实行差异化原则。《行天下》不是简单照搬纸质的《中国国家地理》，而是充分利用新媒体的特点和优势，该刊定位在《中国国家地理》的旅行版，非常适合在旅途中阅读，侧重期刊的实用性，其中的地图和路书为户外旅行者提供了重要的参考价值。《行天下》与纸质版《中国国家地理》之间形成了有益的补充，是纸质版期刊的细化和纵深的延伸。②注重实用性。《行天下》通过专门的编辑团队，包括摄影师和作者通过视频或攻略的形式给读者提供最详尽实用的出行攻略。③独家性。《行天下》作为一本付费电子期刊，内容的优质和独家才能保证其拥有读者群，因此该刊十分注重版权保护，让用户觉得物有所值，值得购买。

在内容形式方面，为适应用户在移动阅读终端“浅阅读”的特点，《行天下》在具体的媒体呈现上，突出了图片和视频的表现形式，增强与读者的互动。

第四节　科普新媒体内容生产的特征

一、生产平台化

在新旧媒体不断融合发展的过程中，传统媒体往往将内容生产过程向数字化的形式转变，而天生带有数字化内容基因的新媒体则走向了平台化的发展模式，寻求网络中的资源集聚与无限化拓展。平台化战略已经成为互联网新媒体运营的标准话语①，而科普新媒体的发展也必然遵循这一规律。国内目前已有一些科普资

① 余晓阳，张金海．传统媒体的数字化转型与新媒体的平台化发展——基于双边市场理论的经济学分析［J］．新闻界，2012（5）：61-66，80.

源的 UGC 内容创作服务平台，如果壳网、科学松鼠会等。平台借助采购、众包、自建、共建等多种内容创建模式，聚合科学普及的多元主体，对海量科普资源进行有效管理和定制化推送，实现科普数字内容的快速开发与创新。

平台作为一种交易空间或场所，可以存在于现实世界，也可以存在于虚拟网络空间，该空间引导或促成双方或多方客户之间的交易，并且通过收取适当的费用吸引交易各方使用该空间或场所，最终追求收益最大化[①]。科普新媒体组织经过内容创意的策划所提供的不仅是科普作品，同时也是一种知识服务，平台的构建不仅有利于科普作品与服务的推广，提高其影响力，还有助于组织发展策略的规划和实施，增强其竞争力。平台是一个无限的资源空间，可以保存各类形式的数字资源，如文字、图像、音频、视频等。科普资源转为数字媒体上传至网络形成一个巨大的科普资源库，运营者利用网络技术可再为每一个资源制定适合的标题、标签、推送对象等，建立一套较为科学实用、便于检索和互动的服务平台。

【案例 2–8】安徽科普云服务平台的构想

“安徽科普云”是一个基于现实科普环境的虚拟科普服务平台，2014 年起由安徽省科普产品国家地方联合工程研究中心发起建设，可以有效聚合国内外优秀科普内容资源，搭建科普资源库，整合科普渠道实现多效联动，让科普产业链中所有的参与者。包括内容生产主体、内容提供主体、渠道发行主体以及终端科普对象，都能够在这个云平台上享受相应的服务“按需索取”，实现资源库的共建共享。借助云计算技术构建的科普云平台能够整合分布于多个物理地点的科普资源，支持统一的科普资源共享。用户可以在任意位置、使用各种终端获取科普应用和服务，并能够实现科普资源的自动分配管理，包括对科普资源的即时监控和自动调度。

安徽科普云的目标是构建“共同创造—广泛聚合—深度加工—全面分享”的开放全媒体数字科普资源平台（图 2–6），通过精准投送，定制传播，实现

① 徐晋. 平台经济学：平台竞争的理论与实践［M］. 上海：上海交通大学出版社，2007.

多终端的全屏覆盖，为公众提供愉悦的科普服务。安徽科普云利用多样的输出模式为用户带来多样化的科普产品和科普服务，构建数字化科普内容的集成平台，提供科普内容资源的聚合。提供多源异构数据的统一接入、海量存储、分析处理、汇聚融合功能，解决用户统一集中的资源动态查找和访问功能，实现整个服务系统中内容资源的标准化描述、集中存储与共享，为数字出版发行中心提供部署、运行和运营的基础环境，并将有线电视网、互联网、电信网进行融合，方便科普资源便捷地输出到用户。

图 2-6 数字内容集成平台

平台从内容分发商和增值服务提供商获取科普内容的授权，通过数字内容分发系统进行科普资源的传送，在此过程中对科普内容和信息进行加密，构建数字版权保护和管理系统，有利于解决科普数字内容版权问题，实现数字化版权的管理、交易和开发。安徽科普云的目标之一就是构建数字科普资源集散平台。

利用云计算、大数据、数字出版、数字交互等前沿技术，安徽科普云创新研发了科普云屏媒、科普云 MOOC 等新型出版物产品。科普云屏媒主要覆盖学校、社区、机场车站、商业中心、医院等公共场所，提供科普信息资源服务。平台通过公众使用科普云，积累用户感兴趣的问题数据，并运用大数据分析，提前捕捉社会热点问题，进行话题式科普，针对不同人群的特定需求进行信息的更新与推送。科普云 MOOC 的科普资源包括名校公开课、中学理科课堂、少儿数理启蒙课、国内外科普节目等。平台对学生的知识需求进行分析，组织专家、院士、科研院所进行课程的规划与制作，专业化分工，释放资源价值，变革传统模式，提供大型线下讲座服务、课程辅导服务、视频加速服务、托管式运营保障、课外材料等丰富的内容，在此过程中对学生的学习行为进行追踪，分析用户的知识缺陷，帮助学生开展社交化和自助式的学习，践行学生的兴趣导向，提升学生的科技创新能力与科学素养。

安徽科普云是新媒体环境下科普产业发展的一种全新探索，通过构建虚拟云服务平台，聚合科普内容资源，畅通科普传播和交易渠道，完善科普终端服务，构建全新的科普服务新模式。构建的开发平台融合新媒体传播理念，进一步探索科普文化的市场化运营，推动公众更多地参与科普创作和体验。

二、技术智能化

技术的智能化发展趋势为科普媒体的运营提供了新的方式，而随着互联网、移动互联网推动信息内容的爆炸式增长和信息获取渠道的多元化发展。公众可选择的信息内容和媒体渠道越来越多的同时，对于科学信息的需求也越多元化，不同职业、年龄、学历的人群在科学信息的内容类型、表达方式以及传播途径的喜好都存在差异。自上而下，缺乏对于受众需求调研和了解的传统科技传播的形式、服务模式都与目前的信息化环境相冲突。亟待从尊重与满足受众诉求的角度出发，改进和调整现阶段的科技传播理念与方式。随着技术的智能化发展，大数据与云服务的使用，用户的需求差异化被逐步满足。

随着移动化和智能化技术不断发展，公众借助技术的力量可以拥有众多形态的“自媒体”，他们选择和控制的媒体形态越来越多，智能化的即时响应成为媒体今后发展的重点。未来科普新媒体的形态，大部分都会跟数字媒体相关，在内容、互动、反馈上都是及时的。

技术智能化促进运营主体根据不同受众的需求制定个性化的科普内容，并通过多元化的内容表现形式实现科普的创新。图文类科普内容资源较为丰富，尤其是借助科普网站、微博、微信等产生了较多的科普内容，然而图文类科普内容资源同质化现象严重、内容质量良莠不齐，针对某一特定受众群体、某一特定科普话题的高质量内容创建能力亟待提升。而在科普动画、科普游戏方面的内容资源尚且稀缺，尤其是科普游戏开发基本处于起步阶段，与国外的差距较为明显。而在科普视频方面，一方面，投入成本高的科普纪录片、影视尽管制作精良，但数量稀少，而且国内原创更少。另一方面，来自公众的 UGC 视频内容数量可观，也不乏一些创意内容，但品牌化的、主题明确且内容具有持续性的原创科普视频不多。因而，技术智能化对于运营科普新媒体需注意两方面，一方面，需要在科普内容主题选择上，根据特定的科普受众的需求定制个性化的服务内容，如针对关注健康的中老年人群，应该多推送有关健康、医疗的信息；针对社区居民，应多推送有关安全、健康、科学教育等方面的内容。另一方面，需要考虑综合应用多元化的内容表现手段，创作公众乐于接受的个性化科学传播内容，如鼓励游戏化科普产品的设计开发，推动科普微视频、交互式虚拟现实产品在科技传播中的广泛应用。

【案例 2-9】小度机器人

百度推出的小度机器人诞生于 2014 年 9 月 16 日，首次亮相江苏卫视《芝麻开门》节目。作为中国第一个智能问答机器人，该产品依托百度搜索引擎、自然语音处理和激起学习技术，将深度问答技术和语音技术创造性地运用到人工智能实体硬件上。它有两样智能法宝：一是理解人类的语音，用人的思维识别语音背后的含义；二是从海量的网页数据中，精准提取问题的答案。

2014 年 9 月 20 日，小度机器人在全国科普日展览活动现场亮相。在现场，相关技术人员向小度提问，"中国发射的第一颗人造卫星叫什么名字？"小度准确地答出"'东方红一号'卫星。"小度机器人准确地和技术人员进行各类知识的问答和对话，受到了中共中央政治局常委、中央书记处书记、中央网络安全和信息化领导小组副组长刘云山的肯定。

此外，2018 年 9 月百度公司与中国科学技术馆在北京签署战略合作协议，双方借助各自在技术、资源方面的优势，在场馆信息化、科普教育、科创等领域开展合作、打造"智慧科技馆"项目。借助百度人工智能技术中的智能语音导览带领观众随时随地地了解科技馆中的各种展品。目前市面上有些儿童陪伴机器人也将一些科普故事融入其内容，采用语音交互和语音合成技术带领儿童在寓教于乐的环境下体会科学知识的乐趣。

三、形式艺术化

科学与艺术是人类思维之树上结出的两颗硕果。它们同根同源，却通过不同的培育方式结出了各具特色的果实。科学通常是经验发现和理性证明的产物，而艺术则更多地依据情感和审美法则来描述客观世界，表达丰富多变的心灵空间，营造各种激动人心的情境，使人们得到美的享受。然而，如果深入探讨科学和艺术的发展及其在现实生活中的表现，科学和艺术是相互作用、相互联系的两个领域，它们彼此渗透，互为动力推动现代科学文化向前发展。

艺术化是科普新媒体的使用功能与美学功能的统一。以往用户讨厌枯燥无味、原理性强、只有图文展示的内容。科学与艺术融合后的内容充满吸引力与生命力，可以让用户感受到体验的快乐。用户体验科学性与艺术性融合的展览或展品，享受从感知到认知再到觉知的认识过程，这是寻找科普形式艺术化的过程。同时，科学与艺术融合的内容能更好地展示科普新媒体内容的展教效果。

【案例 2-10】《美丽化学》

中国科学技术大学先进技术研究院和清华大学出版社于2014年联合制作的一个原创数字科普项目《美丽化学》。《美丽化学》包括“化学反应”和“化学结构”两部分，分别从宏观和微观两个尺度展现独特的化学之美。在“化学反应”使用最新的4K高清摄影机捕捉化学反应中的缤纷色彩和微妙细节。在“化学结构”部分，使用先进的三维电脑动画和互动技术，展示近年来在《自然》和《科学》等国际知名期刊中报道的美丽化学结构。

四、内容娱乐化

有趣的人和事能为公众所喜闻乐见，有趣的知识比呆板的知识更受欢迎。纵观科学传播史，“科学败给迷信”现象并不罕见，科学欲与伪科学争夺受众，必须讲究策略，而提高科普的趣味性无疑是有效策略之一。2008年，公益科普团体“科学松鼠会”的崛起成为当年十大科普事件之一。多年来，松鼠会在年轻人中受欢迎的程度有增无减。其理念“让科学流行起来”令人耳目一新。相较而言，传统科普虽然也讲趣味性，但效果却不尽如人意。那么，如何才能提高科普的趣味性呢?

科普内容娱乐化是提高科普趣味性的重要方式。科普本质上是一种大众传播，其对象是大众，要使之传播有效，就要从大众的需求出发，并且符合大众传播的视律，满足大众好奇心，通过娱乐化的方式进行科普，肯定要比之前的简单灌输更为有效。比如，运用戏剧化的情节设计、口语化的文案编排、艺术化的场景与内容形象创作来调整科普内容的表达形式，借助视频、漫画、小说、实体产品等媒体平台来改造科普内容的传播渠道等。借助娱乐愉悦感所带来的主动性和自愿性，科普作品更容易使参与者注意和接收其中的科学信息，使他们对科学内容理解得更深刻①。

【案例 2-11】《工作细胞》

《工作细胞》是清水茜所著的日本漫画作品，主要讲述经拟人化后人体内各种细胞在人体内的日常工作，例如负责物流作业的红血胞和日常警备工作的白血胞。该漫画的动画版本于2018年7月在日本播出，在中国国内的视频网站bilibili上播放量高达1.4亿次，观看人数接近600万人。播出后获得较好的口碑，在日本被搬上生物教学课堂，得到了医学界专业人士的赞赏。

作为典型的内容娱乐化的科普作品，《工作细胞》做到了科学性和娱乐性的良好平衡。它将枯燥的生物学知识以戏剧化的手法进行了重新叙述，使受众在

① 吴月辉. 科普可以娱乐化吗［J］. 青年记者，2017（25）：5.

被剧中生动的角色和有趣的剧情吸引的同时，学习到与身体细胞、细菌、病毒有关的知识，进而将其运用于生活中。

在专业知识上，在第一卷被指出有关错误后，从第二卷开始为了保证内容上的科学性，每卷漫画都由专业医师原田知幸担任医学知识的监修。因此，虽然《工作细胞》是娱乐化的科普作品，但始终以科学性和知识性为中心，避免了过度娱乐化导致的低俗化和低智化倾向。

在保证科学性和知识性的同时，《工作细胞》作品在角色设计、情节安排等方面亦别具匠心，使作品内容具有了良好的娱乐性。

《工作细胞》自播出后，其中勤劳勇敢的“红细胞”、果敢的“白细胞”、可爱的“血小板”等形象深入人心，这些角色的形象设计在拟人化的基础上突出了其个性特征，使其具有很强的识别性。例如，在各类角色中，“血小板”这一角色以其天真可爱、娇小玲珑的形象与其他或活力四射或特立独行角色区别开来，引起了广大观众的强烈反响。随后，以其为蓝本的改编图片风靡网络，引发了又一波讨论风潮。

以个性与形象特征鲜明的角色为基础，《工作细胞》围绕人体内细胞的工作机制设计了丰富的剧情，仅在第一卷中，就包括了花粉过敏、肺炎链球菌、擦伤、流行性感冒等剧情，各类角色精彩登场，引发了一系列的剧情冲突，生动展现了各细胞之间的工作流程与齐心合力对抗病原体的“战斗”场景。

值得注意的是，除漫画、动画外，《工作细胞》官方还开发了一系列的实体产品，包括记事本、人偶、挂件、便利贴等。其中一款商品名为“工作细胞除菌·除臭喷雾”，其外包装上印有白细胞和杀手T细胞的漫画形象，该商品直观可感，对于漫画受众来说，可以通过包装上的人物形象很快联想到“杀菌”“消灭病毒”的意象，受众在欣赏漫画中白细胞和杀手T细胞执行杀菌任务时，也能够购买该类商品，亲自参与杀菌的过程中，强化角色形象在受众心中的印象。由此，《工作细胞》内容的娱乐性不仅体现在作品本身，更延伸到受众的日常生活中，全方位为受众提供娱乐体验的同时服务于受众的健康知识增长和卫生清洁工作。

第三章 科普新媒体的传播和运营

第一节 科普新媒体的整合营销传播

信息技术的发展使传播渠道越发多样，对传播行业产生巨大冲击。受众的不断细分给传播者带来了新的挑战，只有专注于高度专业的媒体才可与受众的细分市场直接沟通。基于此，整合营销传播理论被提出。该理论指的是为满足顾客需要的价值取向，使用不同传播手段、不同传播工具将信息传达到顾客，在传播过程中的一切活动均可尝试该理论的指导。本节基于科普新媒体的特性，探索科普新媒体的整合营销传播实践要求与表现特性。

一、整合营销传播的概念

20 世纪 80 年代，由于全球化及信息技术的不断发展使大众媒体不断分化，传统的营销方式难以适应新的营销市场。1991 年，美国西北大学教授唐·舒尔茨（Don E. Schultz）等人在对全国消费者商品广告主的营销传播现状调查中首次提出整合营销传播的概念。“整合营销传播（Integrated Marketing Communication，简称 IMC）是一个营销传播计划概念，它要求充分认识用来制订综合计划时所使用的各种带来附加价值的传播手段——如普通广告、直接反应广告、销售促进和公共关系，并将之结合，提供具有良好清晰度、连贯性的信息，使之影响最大化”①。

整合营销传播是一个整体规划过程，将所有传达给消费者的信息以有利于品牌的形式显现，对每一条信息都应使之整体化和相互呼应。1993 年，唐·舒尔茨和他的团队出版了第一本专门介绍 IMC 的教科书，将整合营销传播描述为以一种全新的方式看待整个营销传播过程，而不是分别看待单个部分。舒尔茨在 1998 年提出“IMC 是一个战略性的业务流程，用于制定、优化、执行和评估协调的、可测度的、有说服力的品牌传播计划，这些活动的受众包括消费者、顾客、潜在顾客、内部和外部受众及其他目标”②。

二、科普新媒体的整合营销传播

整合营销传播的核心理念在于营销人员对不断变化的外部环境做出非常明确的反应，营销模式从传统的以生产者为中心转变为以用户为中心、以关系为中心、以情感为中心，并在不断升级变革③。科普新媒体的整合营销传播是围绕科普内容进行传播与推广的实践活动，由于科普新媒体的公益性决定了其传播策略在传播对象、传播渠道、传播诉求上的独特性④。

（一）洞察传播对象

科普新媒体的诞生旨在普及科学技术知识、倡导科学方法、传播科学思想、弘扬科学精神。中国科协针对青少年、领导干部、农民、城市居民等不同受众群体均有针对性的发展对策，在科普新媒体领域，洞察传播对象的变化，根据受众特点定制科普内容的营销模式十分重要。

以微信公众号“一小时爸爸”为例，其特点在于传播对象的精确定位，针对家庭特别是父亲这一群体推送优质、科学的原创文章，同时在该公众号开设

---

① 初广志．整合营销传播在中国的研究与实践［J］．国际新闻界，2010（3）：108-112.

② KITCHEN P J，SCHULTZ D E. IMC-a UK Ad'agency Perspective［J］. Journal of Marketing Management，1998，14（5）：465-485.

③ 童云，周荣庭．数字出版营销模式演变的人文进路［J］．出版广角，2019（5）：29-32.

④ 高辉，赵颖．科普杂志的新媒体营销策略探析——以《博物》杂志为例［J］．中国出版，2017（9）：36-39.

“疾病自测小程序”“宝宝计算器”“文章查询”等专栏，为爸爸们提供免费、便利的咨询服务，以科学知识为基础帮助父母树立正确、快乐的育儿观。基于“爸爸”这一群体消费能力及消费场景的考察，“一小时爸爸”于2015年9月在有赞APP上开设了名为“爸爸的库房”的店铺，通过出售图书、玩具的方式进行交易，并在微信公众平台上不定期推送团购广告信息。

根据清博指数的相关数据显示，经过5年的发展，“一小时爸爸”微信公众号积累了近40万的粉丝。文章平均阅读量为36741次，微信传播指数WCI为1029.9（统计时间截至2019年2月21日）。

（二）整合传播渠道

依托新媒体做营销，应基于科普内容自身情况，有主次、有选择、有取舍地建立核心维度、垂直维度、口碑维度、声量维度的新媒体传播矩阵。核心维度即品牌的自媒体矩阵，包括自有的官方微博、微信等；垂直维度是垂直舆论阵地，即所处的细分领域中的重量级媒体；口碑维度是口碑输出阵地，例如知乎、豆瓣等，比较适合就某领域进行深入探讨、适合领袖发声和权威解读，软性推动口碑传播；声量维度即影响扩散阵地，例如微博上的营销号、演员和明星等。在传播过程中，这四大维度的舆论阵地须协同工作。

《博物》杂志为中国国家地理杂志社出版，内容广泛涉及生物、历史、天文、地理等诸多领域的自然人文综合知识类刊物，具有科学性、权威性、趣味性。《博物》杂志于2009年12月28日加入微博，截至2019年2月20日，已发布10178条微博，拥有超过1000万粉丝，是微博科普类期刊中粉丝较多的知名账号。

“博物”微博账号线上影响力的提升有效地扩展了杂志的线下营收渠道，线下除了杂志的销售外，还通过举办夏令营、讲座、展览以及探索性亲子旅游进行多渠道文化输出和市场推广，将线上粉丝转化为线下的购买力。同时“博物”经常会与其他官博进行各种形式互动，扩大传播影响力并使主要意见领袖因相类似的专业知识背景组成圈子，他们在“博物”上主要回答自己所擅长的问题，当遇到非专业领域问题时，这些意见领袖会选择将问题转给该领域较为擅长的博主回答。良好的科普博主间互动避免了因专业限制而带来的内容短板，意见领袖间的转发有利于实现深度而长效的传播，从而为“博物”构建起一个科普多元传播中心。

（三）重视传播诉求

中国科普研究所在《全民科学素质学习大纲》[①] 中指出：科学素质按照程度高低可分为生存科学素质、生活科学素质、参与公共事务科学素质、文化科学素质。在科普过程中，科普新媒体的传播诉求是培养全民的科学素质，而受众的需求多是依据其生活、社交场景进行轻知识学习或娱乐，传受双方均需借助于一些生存及生活场景等达到其传播诉求。

如在“［案例 2–5］丁香医生”中，“丁香医生是专注提供医学健康内容与医疗健康服务的平台，提供专业医生写的科普文章，正确的就医用药参考，找医院查疾病的 APP 工具，以及专业贴心的线下诊所服务”[②]。构建了在普通大众求诊、咨询、购药、科普需求等服务场景下，丁香医生的新媒体平台在一定程度上提升了受众的健康知识水平，作用甚至大于其线下诊所服务功能。无论是网站还是微信公众号，丁香医生的互动性都较强，一方面来源于付费的问诊咨询，另一方面来源于推文下的评论留言，两者回复的时效性和质量都较高，促进了用户长期在网络问诊的场景中养成使用丁香医生进行相关健康咨询和求助的习惯。

三、科普新媒体整合营销传播的特性

在整合营销传播过程中，适用于科普新媒体的传播策略有裂变式传播、拟人化传播、算法式传播等，其显现出的实时性、独特性与精准性等特性将是未来科普新媒体取得良好传播效果的基础特性。

（一）策划实时性：裂变式传播

“蹭热点”现象是目前新媒体传播的一种典型特性，利用热点巧妙借力，

① 全民科学素质学习大纲课题组. 全民科学素质学习大纲［M］. 北京：中国科学技术出版社，2019.

② 丁香园［EB/OL］.［2019–05–01］. https://www.dxy.cn/pages/aboat.html.

与“围观群众”产生情感共鸣以达到裂变式传播效果[①]。2017年引力波的探测团队获得诺贝尔奖，从而促使引力波这一重大科学事件引发了全民讨论，“科普中国”“果壳网”等科普新媒体均对引力波的科学知识进行了传播。2019年4月，人类首张黑洞照片的发布同时引爆网络，科普微信公众号“混子曰”发布了“Stone小百科——你以为黑洞真的是洞吗？”微信公众号“科普中国”发布“刚刚，史上第一张黑洞照片公布”等微信推文迅速达到超过10万的阅读量。

近年来，5G移动通信技术一直备受热议，并且在2019年年初由于华为技术有限公司在美国遭到抵制的新闻事件，再次被推到风口浪尖，各大科技网站、微博、微信公众号对5G移动通信技术均进行了科普，取得了较好的传播效果。科普新媒体在内容选题上追踪热点多是由于重大科技新闻在社交平台取得了巨大爆发力，引发了受众情感偏向，由于科普内容的严谨性自带传统媒体的公信力，更易引起裂变式的传播效果[②]。

（二）传播独特性：拟人化风格

在整合营销传播过程中，拟人化的传播方式可赋予科普内容以个性，从而打造品牌人格化特征[③]。研究表明，品牌人格化能够给品牌带来关爱和信任[④]。由于品牌的拟人化形象更易折射出目标群体的偏好需求，满足受众的感觉认知及社交需求，所以大部分科普新媒体选择了不同的拟人化风格。

“月球车玉兔”微博账号的成立旨在以月球车“玉兔号”拟人化形象同步发布任务执行情况，并对公众进行航天知识的科学普及。月亮上的嫦娥、玉兔为中国经典的神话故事元素，因此月球车使用“玉兔号”使受众感受到对中国文化的感知认同。

科学传播者为“月球车玉兔”打造的形象是一只勇敢、乐观的小兔子。相较于官方发布的严肃新闻，这只小兔子为我们带来的信息更加生动活泼，更加

① 沈霄，王国华，季楚玮．政务微博“蹭热点”现象研究［J］．情报杂志，2019，38（3）：108-113.

② 徐恒儒．意见领袖影响下的微博公益裂变式传播过程研究［D］．长春：长春理工大学，2016.

③ 余云珠．社会化媒体营销中的品牌拟人化［J］．经营与管理，2018（4）：131-134.

④ 张晓莉．基于人格化过程的品牌个性整合传播策略研究［D］．北京：北京工商大学，2016.

“接地气”。这一微博账号的运营时间为 2013 年 12 月到 2016 年 7 月。不到 3 年的时间里，共发布 347 条微博，粉丝数量达到 730 多万人，多条微博转发量超 10 万条次。截至 2019 年 2 月，还不断有粉丝在“月球车玉兔”的评论中留言，影响力可见一斑。

“月球车玉兔”在社会化媒体领域进行科学传播的实验性尝试，极大地调动了公众探索科学知识的主动性，引领了科技传播新形式[①]。越来越多的科普工作人员受到这一运营方式的影响，不断创新，探索新媒体时代的科学传播集成化互动新方式。目前，航天领域的科技传播者都在使用这样的方式进行科技新闻报道与科学普及，例如“月球车玉兔二号”“暗物质粒子探测卫星——悟空”等。

（三）算法精准性：大数据驱动

大数据重塑了整合营销传播的新模式，精准营销在技术上不再是难题。以科普中国与百度的战略合作来说，通过结合互联网公司的技术资源和平台资源与科协组织的专家资源，在准确感知受众需求基础上提供精准化的科普服务[②]。

首先，科普新媒体需建立大数据思维，一方面将已有的科普资源数字化，另一方面有大数据服务能力的企业可与政府对接共享受众资源。中国科协科普部、百度品牌数据中心与中国科普研究所从 2015 年起每季度定期发布《中国网民科普需求搜索行为报告》，包含了健康与医疗、食品安全、航空航天、信息科技、前沿技术、气候与环境、能源利用和应急避险八个主题，明确了受众的科普需求。

其次，使用大数据确定营销的精确度。通过大数据、人工智能、搜索引擎、网络爬虫等技术等可分析传播过程的具体数据。目前在舆情监测方面的应用已经较为成熟，如大数据分析显示：一般舆情热点会在两到三天后达到传播顶峰，而后一周内持续缓慢下降，学术上对该类传播规律的研究将不断深化[③]。

---

① 王乐. 科技传播的创新研究——从“月球车玉兔”集成报道看科技传播的路径创新 [J]. 科技传播，2014，6（20）：82-85.

② 王法硕，王翔. 大数据时代公共服务智慧化供给研究——以“科普中国 + 百度”战略合作为例 [J]. 情报杂志，2016，35（8）：179-184，191.

③ 董全超，刘涛，李群，等. 浅析大数据技术对科普工作的推动作用 [J]. 科技创新导报，2017，14（11）：168-170，172.

同时可基于大数据分析科普媒体在不同传播渠道的传播特性制定科普内容的个性化传播策略。

最后，利用大数据对科普新媒体进行监测会促进其传播效果。如在科技馆展览活动中，展品数字化和互动化，乃至利用监测技术对展馆的人流量识别，均可捕捉受众对科普内容的关注侧重点，挖掘用户需求，为后续营销活动建立可靠的数据来源。科普视频、科普动画、科普游戏等新型科普媒体形式本身就是数字化产品，每次用户与产品的交互均被记录在数据库，可为产品及内容的优化带来极大帮助。

整合营销传播整体上是一种管理思维，本质上是一种战略。对科普新媒体而言，基于对传播主体、传播渠道、受众等不同层面的关注，进而系统化构建传播策略是提升科普新媒体传播效果的有效途径。从实践出发，对受众的关注是传播的起点，洞察传播对象是科普新媒体发展的不竭动力，也是其核心趋势，品牌建设的独特性、渠道手段技术化均强化受众与内容的关系连接和情感连接。科普新媒体的整合营销传播应采取哪种策略呢？下节我们将介绍科普新媒体适用的传播策略——移动互联网情景下的新4C营销模型是怎样运用在科普新媒体中的。

第二节　科普新媒体传播策略

一、科普新媒体传播策略的选择

目前，关于整合营销传播策略的理论比较丰富，代表性的有4P传播理论、4C传播理论、新4C传播策略以及4R传播理论等。科普新媒体传播策略理论的选择需要根据新媒体发展现状、市场需求等因素进行综合考虑[①]。

4P传播理论，产生于20世纪60年代。4P指的是产品（Product）、价格

① 周荣庭，胡贤风．AR科普图书的整合营销传播策略探析——以《未来机械世界》为例［J］．科普研究，2019，14（2）：11-17，104.

（Price）、渠道（Place）、促销（Promotion）。4P 传播策略理论注重的是以产品为导向，以产品为中心开展一系列的营销活动。随着消费者的地位在市场活动中的提升，个性化产品需求日益增多，卖方市场向买方市场转变，促使科普新媒体的营销活动以产品为中心向以消费者为中心的转移。

4C 传播理论，由美国著名营销学家劳特朋教授在 1990 年提出。4C 指的是消费者的需求与欲望（Consumer Needs and Wants）、消费者愿意付出的成本（Cost to satisfy）、购买商品的便利（Convenience）以及与消费者的相互沟通（Communication）[①]。以科普企业为例，它要求转变“以科普产品为中心”的理念，从受众的角度出发转为“以受众为中心”的理念。首先，科普企业要把受众的现实需求与潜在需求作为科普企业开发产品和服务项目的源头，并在传播全过程及其各个环节，都要尽最大可能满足受众的需求。其次，是努力发现并确定消费者愿意支付的成本，然后要充分考虑受众购买过程中的便利性。最后，还应以消费者为中心实施有效的营销沟通[②]。

4R 传播理论由艾略特·艾登伯格于 21 世纪初提出，4R 理论以关系营销为中心，重在建立顾客的忠诚度。4R 指的是关联（Relativity）、反应（Reaction）、关系（Relation）和回报（Retribution）。4R 营销理论最大的特点是以竞争为导向，不仅积极适应顾客的需求，而且主动创造需求。4R 理论将企业的营销活动提高到宏观和社会层面，提出企业与顾客以及其他利益相关者建立事业共同体和命运共同体。4R 理论所强调的与顾客建立良好的关系是需要一定的实力基础或者某种特殊条件，并不是任何企业都可以做到的。

二、科普新媒体营销模式——新 4C 传播策略

传统媒体与新兴媒体融合发展，使人与人之间的连接更加便利，同时将线下的人际关系带入互联网产品，一种以关系为中心的科普新媒体营销模式——新 4C 传播模式，随着互联网、新兴技术的发展应运而生。新 4C 营销模式，即在适合的场景（Context）下，针对特定社群（Community），传播有影响力的内

① 贺剑锋. 图书的 4C 营销策略［J］. 出版广角，2001（10）：43–45.

② 白凡. 基于 4C 理论下的全渠道发展策略研究——以良品铺子为例［J］. 现代商业，2016（29）：17–20.

容（Content）或话题，利用社群关系进行人与人的连接（Connection），快速地实现扩散与传播[①]，使科普新媒体企业获得价值。新4C传播策略使科普新媒体的传播方式更加有效、便捷，使受众群体呈现部落化、社群化发展，更加适合中国目前科普新媒体传播现状。

（一）创造多元化场景

在移动互联网环境下，科普新媒体传播策略中的场景是流动的、变化的，传播策略需要满足受众在移动场景中不断变化的需求，传播策划者要思考在什么场景下用户需求更为集中，用户有何种情绪和状态，能否在一段时间内聚集，以便引爆社群营销[②]。随着移动互联网和物联网的发展，科普新媒体进入了一个场景感知的时代。从传统的入口之争转化为场景之争，场景创建伴随着移动互联网、大数据、物联网以及可穿戴设备等新技术的出现，不仅仅是预制场景，还要有场景感知，场景中有人的需求、时间、地点、情绪等[③]。

移动技术在时空上解放了读者，人们获取信息的场景变得更加多元化。人们既可以自主地向内容提供商定制信息，也可以在内容提供商了解其偏好的基础上，坐享个性化的内容。因此，移动互联网环境下利用新媒体进行科学普及必须考虑到用户接收信息时所处的多元化场景。

科普新媒体的内容创意策划应充分将想象力与前沿的技术条件相结合，在多样化的应用场景中为用户提供便捷高效的知识服务。科技创新领域的知名记者罗伯特·斯考伯与谢尔·伊斯雷尔在《即将到来的场景时代》（*Age of Context：Mobile，Sensors，Data and the Future of Privacy*）一书中预言，互联网的场景时代即将到来，用户场景将是移动互联网时代的核心。书中从科技发展的角度阐述了构成场景时代的五种技术力量，称作“场景五力”，分别是移动设备、社交媒体、大数据、传感器和定位系统。移动设备这五种力量的关键，也是科普内容体验的直接载体。目前，大多数人使用的移动设备是手机或

---

① 唐兴通．引爆社群：移动互联网时代的新4C法则［M］．北京：机械工业出版社，2015：3-5.

② 童云，周荣庭．数字出版营销模式演变的人文进路［J］．出版广角，2019（5）：29-32.

③ 刘胜男，唐兴通．互联网社会学：洞见传媒人的未来——唐兴通和他的“移动互联网时代的新4C法则”［J］．中国传媒科技，2015（4）：48-52+2.

者平板电脑，其便携性让用户可随时随地开始学习，接收科技信息，而移动互联网的全面覆盖与网络速度的提升使丰富的可视化多媒体科普内容在移动设备上的实时呈现成为可能。未来，可穿戴设备等多样的终端形式将为用户提供更为丰富的科学内容的感官体验，借助社交媒体可望随时随地与任何人创建应用场景。

科学普及的过程是用户不断学习并提高自身的过程。在策划过程中充分考虑媒体的社交属性对科学内容的泛在传播大有裨益。社交媒体的运用不仅可以拉近运营者与用户的关系，也可通过大量的 UGC（User Generated Content，用户生成内容，即互联网用户主动创建并上传分享的内容）内容对原文本进行补充，引起用户关于科学主题的讨论，形成互联网社群，从而改善产品和服务。数据之于场景时代就如同氧气一般——无处不在且必不可少①。大数据的合理运用对科技内容的选择性推送以及科普形式的恰当使用举足轻重。

传感器对于用户场景数据的收集至关重要。在科学普及领域，多种感官的媒体体验与刺激使用户仿佛置身于宏观或微观的科学世界，更能直观感受科学的魅力。定位系统的嵌入提供了用户的位置信息，而基于不同的位置我们亦可以提供个性化的科学内容，满足用户在当前场景下的知识需求。

（二）打造群体性思维

随着互联网及社交媒体的日益普及，“社群”概念应运而生。互联网时代的“社群”是指兴趣爱好、个性追求、情感交流以及价值观趋同的人群逐渐形成了信任感，并由此聚集在一起的相对稳定的群体及其社会关系的总称。由于人对“群”具有天然的趋向特性，人类社会群体的关系基本沿着“部落—族群—社区—社群”的路径演进②。

社群时代的科普新媒体传播策略是用社群去定义受众，挖掘基于核心科普产品的延伸需求。基于爱好、兴趣和需求而产生的部落化互联网社群，使得传播策略由原来的广播式传播变为集中定向推送。科普类媒体以拥有已有的各类

---

① 唐兴通．引爆社群：移动互联网时代的新 4C 法则［M］．北京：机械工业出版社，2015：3-5.

② 樊狄．微信公众号“五星街 22 号”旅游自媒体社群化营销研究［D］．西安：西北大学，2017.

资源为后盾，组建社群；除了依赖科普品牌原有的影响力之外，也要善于调动具有鲜明个性色彩的科普工作人员，借助多渠道搭平台、建矩阵，线上线下结合，多方发力，维护和巩固社群。微博平台和微信公众号是组建社群的有效方式，利用社交媒体组建社群还可以充分获得平台资源和数据，与粉丝自由沟通交流[①]。线下可以通过举办科普讲座、科普活动周等活动，多形式凝聚粉丝。

以《未来机械世界》AR科普图书为例，在社群推广方面，采取了两种措施。一是与知名育儿博主合作，通过精致的内容策划吸引精准用户，与用户达到情感上的共鸣，营销效果较好。二是在“科学荟”微信公众号平台上发布相关推文，通过朋友圈、微信群等自媒体平台分享和转发图文消息，不仅提高了图书的热度，而且还提升了微信公众号的影响力[②]。以喜马拉雅FM为代表的移动广播APP为了实现运营平台与传播载体的拓宽，采用了社群化运营机制，即邀请某一社群的代表性人物参与节目制作或开展线下活动，依托知识付费拓宽盈利模式，依托名人效应强化节目卖点。

（三）普及有传播力的内容

在科普新媒体环境下的内容指的是具有社会热度的话题，有极高关注度和吸引力，话题可触发受众的消费行为，传播者可以借势宣传和营销。当社群由“吸引受众，导入流量”的流量型转变为“以内容为王”的内容型社群时，其主要的目的是打造与建立社群内成员的共同价值观趋向，树立科普价值理念。

在新媒体环境下，“内容为王”的传播策略要求科普传播内容由之前的哗众取宠为主线转变为内容价值传递的持续性和连贯性。传播者应该着力打造热点性内容、即时性内容、持续性内容、方案性内容和促销性内容。热点性内容是指某段时间内科普信息检索指数提高迅速，人气关注度不断攀升的内容；即时性内容是指充分展现当下所发生的物和事的内容，要做到及时有效，在短时间内完成科普内容创作；持续性内容指的是科普信息质量不受时间的变化，保持内容风格的统一性；方案性内容指的是系统给出传播素材的内容；促销性内容

① 焦晓洁. 新4C社群理论下时尚杂志品牌传播研究［J］. 现代视听，2016（7）：74-76.

② 周荣庭，胡贤凤. AR科普图书的整合营销传播策略探析——以《未来机械世界》为例［J］. 科普研究，2019（2）：11-17，104.

指的是在特定的时间内促进科普活动产生的传播内容①。

以“[案例2-2]‘中科院之声’”中的抖音号为例，该抖音号立足科技创新工作，充分运用公众喜闻乐见的方式，努力打造有视觉冲击力的视频画面，及时向公众传播重大科研成果、重大科技实践、典型科研人物、科学精神文化等。时事热点、重大成果产出、重大科研基础设施、植物系列、银河画卷巡天系列、深海科考系列等主题的时长在15秒至1分钟的“中科院之声”抖音科普短视频，吸引广大年轻受众在碎片化时间中学习和探索知识，有助于全民科学素质的提升②。“中科院之声”抖音号通过不断完善与加强内容建设，保证了短视频的长久生命力。

（四）实现多层次的连接

移动互联网背景下，连接的内涵不同于以往任何一个时代，其兼具内容的复杂性与交互的立体性。具体而言，包含三个层次：即人与人之间的连接——社交网络；人与物之间的连接——可穿戴设备；以及物与物之间的连接——物联网。这些不同层次的连接会为新时代的传播方式带来指数级的创新颠覆③。

实现人与人之间连接的关键点是找到传播网络和传播群体的中心节点，科普信息通过中心节点进行传播，可以迅速地渗透到社群中，引爆社群。社交网络的发展加速了中心节点的建立，社交网络中比较容易产生意见领袖，意见领袖是实现人与人之间连接的一个关键点，科普内容制作完成后，传播者通过微博、微信、APP等多媒体手段让意见领袖参与科普信息的传播，可以引发受众情感上的共鸣，使得科学知识易于到达受众。如直播平台的主播、微博中的大V等都属于新媒体中的意见领袖。新媒体环境下，网络意见领袖的转发、评论对科普新媒体的传播起重要作用。比如病毒式营销即利用口碑传播原理，触发热点话题，通过社群成员自发推广，会以几何倍数的速度迅速传播。

实现人与物之间连接的主要方式是通过可穿戴设备等新兴技术手段拓宽科

① 唐兴通．引爆社群：移动互联网时代的新4C法则［M］．北京：机械工业出版社，2015：3-5.

② 中国科学报社．让抖音成为提升全民科学素养的利器［EB/OL］．（2019-05-19）［2019-01-14］http://smart.huanqiu.com/roll/2019-01/14035228.html？agt=1.

③ 樊狄．微信公众号“五星街22号”旅游自媒体社群化营销研究［D］．西安：西北大学，2017.

学知识传播渠道。在进行科普内容策划时，我们须以用户为核心，根据用户的实时状态来提供更加个性化的服务，而可穿戴的智能设备为此提供了可能性。这些智能设备可以实时采集用户身体与行为数据，并基于此实现实时响应，为用户呈现其感兴趣的知识内容。

物与物之间的连接是通过物联网技术实现的，物联网技术通过二维码、传感器等技术随时随地对物体进行信息采集，也可以随时随地完成信息交互与共享，实现智能化的决策。物联网在科普中的应用也随处可见，如中国科技馆新馆采用了物联网的早期技术。在票务系统智能导览系统方面采用信息化管理和实时互动的方式，不仅提供信息实时查询，此种智能导览系统也可以实现个性化的服务。

三、新 4C 营销模式的科普新媒体传播典型案例

（一）中科院物理所公众号

“中科院物理所”微信公众号由中国科学院物理所创办。其微信公众号的推送内容为中科院物理所的科研动态、综合新闻、物理学前沿和科学传播，设有“我要提问”“正经玩”“线上科学日”和“九十周年”等栏目。“中科院物理所”微信公众号正是通过选择合适场景，针对特定社群，传播了权威专业的科普知识，并利用社群关系进行人与人的连接，最终实现了快速扩散与传播。

（1）在场景上，根据清博指数的相关数据，“中科院物理所”微信公众号选取在每天的 10 ~ 14 点推送 4 ~ 5 篇科普文章。对于大部分用户来说，这个时间段通常是午餐前后的放松时间，所以他们有足够的时间和精力去阅读科普内容。同时相较于新闻媒体，“中科院物理所”微信公众号更加偏重新闻报道之后对科学内容深入的解读，例如，针对 2019 年过年放假的热点话题，推出了一篇题为“大龄单身狗返乡过年期间顿时压力激增现象及其应对措施研究”的文章，引发读者的共鸣，阅读量达到 10 万以上。

（2）在社群上，“中科院物理所”微信公众号关注人数超过 50 万人，主要面向青少年、大学生、研究人员以及一些社会上的科学爱好者。“中科院物理所”微信公众号特色鲜明，许多文章都采用了学术研究的格式，但语言风趣幽

默，深受用户欢迎。针对这个社群的需求，“中科院物理所”微信公众号还通过开展线上线下的科普活动，维护和巩固社群。例如举办“中科院物理所公众科学日活动”，邀请用户前往物理所参加活动。对于无法参加线下活动的用户，“中科院物理所”微信公众号还开设了同步直播，方便用户线上收看。

（3）在内容上，“中科院物理所”微信公众号由中国科学院物理所的科研工作者负责运营。编辑团队以低年级的研究生为主。微信的内容创作包括问答团队、电台团队、翻译团队等50余人，其中不乏一些外单位的参与人员。其面向物理学及科学爱好者打造传播科学知识，传递科学精神的大众化平台，坚持科普化、大众化的定位，更加偏重新闻报道之后对科学内容更深入的解读，强化内容的先进性和新颖性，注意内容不断推陈出新，通过专栏的形式为科普创作助力。同时，在微信公众号设置“我要提问”专栏，为推送内容进行指引。

（4）在连接上，中国科学院物理所重视科普活动，以期让科普工作逐渐走上更大的舞台。除了微信公众号，中国科学院物理所还成立了科学传播协会，以科学团队身份参与了央视《加油向未来》第二季、山东卫视《奇迹时刻》、优酷《火星研究院》、辽宁卫视《奇幻科学城》、湖南卫视《新闻大求真》等一系列家喻户晓的科普节目，同时组织志愿者开展公众科学日、科普创意大赛等活动。通过不同侧重的品牌科普活动可以让更多的人参与科学传播。

从新4C营销模式来看，“中科院物理所”微信公众号的价值凸显。2016年“中科院物理所”微信公众号被腾讯科普评为“最佳运营自媒体”，2017年由中国物理学会推荐并入选中国科协和人民日报社联合组织的“典赞·科普中国”“2017年十大科普自媒体”①。2018年12月，经中国科普作家协会新媒体专业委员会组织专家评审，物理所微信公众号上的科普实验专栏《正经玩》被评选为“2018年度十大优秀科普新媒体”。中国科学院物理所公众号已成为该所对外宣传、树立形象的新窗口，成了备受读者推崇和喜爱的“科学直通车”。

---

① 物理所综合处．科普——物理所的新名片［J］．物理，2018，47（5）：297-301.

（二）“一小时爸爸”微信公众号

“一小时爸爸”微信公众号是由北京英赛网络科技有限公司创办的科普公众号，致力于将优质、独家、专业的内容带给父母读者。公众号以科学知识为基础帮助父母树立正确、快乐的育儿观，以亲子互动为方式鼓励父母建立积极健康的亲子关系。他们还提倡“科学、自然、动手、亲子”，口号为“帮你用一小时的亲子时间成为孩子眼中的 Super Daddy。”“一小时爸爸”经过 5 年的发展，在育儿类微信公众号中脱颖而出。在前面介绍了该公众号的传播对象精准定位后，我们还可以用新 4C 营销模式分析其成功之道。

（1）在场景上，“一小时爸爸”公众号集结了一群身怀绝技的爸爸，创作轻松有趣的科学育儿生活的原创文章，努力为用户解决生活中遇到的各种不开心的问题，还原一个简单快乐的世界。“一小时爸爸”主要为用户提供育儿教育类、生活相关类、辟谣类、育儿争议类、拔草类和准拔草类、食品饮料类、医药病痛类、育儿知识类、用品推荐类等知识。同时其能够围绕热点事件，挖掘新闻背后的科学内涵，受到用户的认可和欢迎。

（2）在社群上，“一小时爸爸”是一个为爸爸们和父母提供早教及亲子育儿服务的平台。公众号从“爸爸”这公众熟悉的领域出发，采用受众听得懂的语言和喜闻乐见的形式，避免使用专用术语、符号和公式，收到了较好的效果。

（3）在内容上，原创一直是自媒体运营的成功法则。“一小时爸爸”微信公众号的特色在于针对家庭特别是父亲这一群体推送优质、科学的原创文章，告诉爸爸们该如何育儿。同时，在该公众号开设“疾病自测小程序”“宝宝计算器”“文章查询”等专栏，为受众提供免费，便利的咨询服务，给受众一种关怀，亲切之感。

（4）在连接上，“一小时爸爸”微信公众号的战略合作伙伴是中国科学技术大学和中国蒙台梭利协会，为他们的发展提供了一定支持。同时，他们还结合微信、微博等平台打造了新媒体矩阵，强调品牌在各社交平台的互动关联，目前其微博粉丝也达到 3 万余人。

“一小时爸爸”微信公众号作为一个成功的科普平台，正在为中国下一代儿童的健康快乐成长尽一份力量。

第三节　科普新媒体的商业模式

一、商业模式及商业模式画布简介

商业模式（Business Model）一直是管理学的研究热点。国外对商业模式的研究最早可追溯到19世纪50年代，目前国际上有关商业模式的研究主要从概念、要素、分类、模式创新等方面进行。莫里斯（Morris）于2003年在整合了众多关于商业模式定义的基础上给出的一个整合性的定义：商业模式是一种简单的陈述，旨在说明企业如何对战略方向、运营结构和经济逻辑等一系列具有内部关联性的变量进行定位和整合，以便在特定的市场上建立竞争优势①。奥斯特瓦德（Osterwalder）等学者在2005年指出，商业模式是一种建立在许多构成要素及其关系之上、用来说明特定企业商业逻辑的概念性工具，并进一步提出了9要素商业模式，将其融入1张表中，即商业模式画布②。具体为：目标顾客、价值主张、渠道通路、客户关系、核心资源、关键业务、重要合作、收入来源、成本构成（表3-1），并将商业模式创新的过程概括为环境分析、商业模式设计、组织规划和商业模式执行4个阶段。如此一来，企业可根据商业模式画布将一个或者多个复杂的问题简化为不同的业务单元和相对具体的流程，最终形成综合性的改进建议③。任何一个组织，无论是否涉及商业领域，都存在着一个商业模式问题④。

---

① MORRIS M，SCHINDEHUTTE M，ALLEN J. The entrepreneur's business model：toward a unified perspective［J］. Journal of Business Research，2005，58（6）：726–735.

② OSTERWALDER A，PIGNEUR Y,TUCCI C L. Clarifying business models：Origins，present，and future of the concept［J］. Communications of the Information System，2005，15（5）：1–25.

③ 亚历山大·奥斯特瓦德，伊夫·皮尼厄. 商业模式新生代［M］. 王帅，毛心宇，严威，译. 北京：机械工业出版社，2011.

④ HAMEL G. Innovation as a Deep Capability［J］. Leader to Leader，Winter，January，2003，27（1）：19–24.

表 3-1 商业画布模式

<table>
<tr><th>重要合作</th><th>关键业务</th><th>价值主张</th><th>客户关系</th><th>目标顾客</th></tr>
<tr><td rowspan="3">保证商业模式有效运行所必需的供应商和伙伴的网络</td><td>保证商业模式有效运作所必需的最重要活动</td><td rowspan="3">为特定目标客户创造价值的系列产品和服务</td><td>企业与特定目标客户建立的关系类型</td><td rowspan="3">企业想要接触和服务的不同人群或组织</td></tr>
<tr><td>核心资源</td><td>渠道通路</td></tr>
<tr><td>保证商业模式有效运作所必需的最重要资产</td><td>企业沟通和接触目标顾客从而传递价值主张的通路</td></tr>
<tr><td colspan="2">成本构成</td><td colspan="3">收入来源</td></tr>
<tr><td colspan="2">运作商业模式所需要的所有成本</td><td colspan="3">企业从特定目标顾客中获取的现金收入</td></tr>
</table>

因科普多为公益性质，主要担负着传播科学知识、提高公民的科学素养的社会责任，与完全企业运作式的商业模式不同。在我国，此类公益性的组织长期以来主要的资金源于政府拨款，也造成了其长期以来忽视运营，不利于其长期发展和创新的被动局面。社会企业作为公益商业模式创新的产物而存在，不仅急需而且非常有必要。商业模式在对此类社会性企业发展的意义主要体现在造血能力的提升、参与主体的扩充、运作方式的转变和目标使命的升级等四个方面[①]。本节结合商业画布模式对科普新媒体的运营提出新的思考。

二、典型的科普新媒体的商业模式类别

（一）广告模式：以《飞碟说》为例

1. 背景介绍

《飞碟说》是上海飞碟视界有限公司出品的视频化科普解说的动画脱口秀节目。《飞碟说》的创始人汤怀对它的定位是“性感”的视频百科。这里的“性感”是“简单、有趣、有态度”，而不追求“优雅”。其节目通过通俗易懂的言语和幽默诙谐的动画，将知识说的趣味横生。每一期节目都选取当时的社会热点话题的相关知识进行科普解说，一般每期节目都在 5 分钟左右。经过前期的品牌积累，飞碟视界旗下产品除了《飞碟说》之外，还上线了一系列不同定位的视频动画产品，如《飞碟一分钟》《飞碟头条》《飞碟实验室》《飞碟词

① 曹媛．基于非物质文化的商业模式创新设计研究［D］．长沙：湖南大学，2016:13–14.

酷》《飞碟宝贝计划》等。

2.《飞碟说》商业模式

《飞碟说》不管是创意形式还是组织形态皆为原创，融合了自媒体、动漫短片制作中心和百科知识教育平台 3 种功能。《飞碟说》一直以短视频的形式在各种视频分享平台上发布，并形成了以原生态广告为主的盈利模式。2012 年 3 月订阅用户突破 1000 万，2014 年获得了 210 万美金的天使轮投资，目前品牌化已经基本形成[①]。

《飞碟说》是新媒体环境下诞生的产品，以网络为主要传播途径的《飞碟说》主要受众群体是都市青年，在内容制作上会更加重视目标群体的兴趣点，比如在新问题、科技类信息以及一些青年群体的生存状态等[②]。

在渠道的选择上，《飞碟说》在 2014 年 5 月加入优酷光合计划，该计划为优酷平台推出，目的是为希望能够持续生产优质内容并在视频网站持续传播的专业视频制作者和机构，提供包括扶植、推广、盈利等多方位的支持，实现与合作伙伴在口碑、收入等方面的共赢。此外，《飞碟说》不仅开通了微博、微信等自媒体平台，定期上传制作的视频，引导人们转发传播，同时还基于前期的品牌积累，衍生出一系列飞碟系产品（表 3–2）。

表 3–2 《飞碟说》商业画布模式

重要合作	关键业务	价值主张	客户关系	目标顾客
视频播放平台（优酷、土豆、腾讯、爱奇艺等）	视频	发现热点背后的知识点，知识严谨且“性感”	趣味性、科普价值	网络用户，主要为年轻人
	核心资源		渠道通路	
	（1）原创内容，视频 IP （2）线上平台网站、微博、微信的传播系统构建 （3）衍生的“飞碟系”产品		视频网站和微博微信等平台传播	
成本构成		收入来源		
（1）视频制作；（2）仪器设备；（3）人力成本（工资）		（1）版权；（2）广告；（3）周边产品		

① 张九陆．飞碟说：一个互联网原生 IP 的成长［EB/OL］.（2016-09-07）［2019-05-10］https://mp.weixin.qq.com/s/lZvnzkw5cBKa1gXW4_br9Q.

② 唐迪．自媒体原创视频的传播策略研究——以《飞碟说》为例［J］．新闻研究导刊，2017（14）：88-89.

在盈利方式上，飞碟视界是一家自媒体视频公司，从一开始就是以营利为最终的目的。其主要盈利方式除了版权交易以及开发一些周边产品外，还来源于广告，即通过广告植入、广告赞助和产品介绍实现增值。在植入广告上，《飞碟说》十分擅长包装热议话题，找到品牌传播诉求与网民关注的最佳结合。一般植入广告较易被受众接受，但是在各种产品的充斥下，一些产品的推广可能无法达到预想的传播宣传效果。《飞碟说》是以传递知识为主旨的视频节目，产品介绍上，一方面关注青年群体感兴趣的产品，另一方面丰富自身的选题范围，利用关联产品为受众普及知识，进而形成自身独特的优势。这样的节目有很多，如《支付宝为剁手党而生》《罗永浩的锤子到底硬不硬》分别对支付宝和锤子手机进行了介绍，让受众在寓教于乐的环境下潜移默化地接受了广告（图 3–1）。

图 3–1 《飞碟说》节目植入案例

3. 结论

类似《飞碟说》这样的视频自媒体主要是以信息流、关系流、服务流为基础构建媒体产品生态圈，《飞碟说》目前主要还是以信息流为纽带的利益分成模式，一方面以优质内容获取直接利益的传统赢利，另一方面依靠植入广告和冠名广告赢利。未来可以通过变革自己的内容生产以及营造以关系流为核心的社群经济模式，以生态关系的创新推动生产力的变革，一方面可以将粉丝变成重要的生产力，通过会员制营销模式，强化品牌和会员的信息交流和反馈；另一方面，可以考虑提供服务为手段，通过更好地提供用户体验而形成增值性赢利模式。未来《飞碟说》可以延长自身科普新媒体的优势，围绕用户需求打造一个集合信息服务、电子商城、在线教育于一体的服务平台，延展媒体产品的产业链和价值链。

（二）企业资助模式：以厦门科技馆为例

1. 背景介绍

科技馆是以激发科学兴趣、启迪科学观念为目的，向公众传播科学知识，提升公众科学素养的科普教育场所①，有与生俱来的公益性和社会性。在今天，科技馆如何运用新媒体传播手段及策略，提高传播效率，降低传播成本，是科技馆面临的重要的发展课题。但是我国科技馆的经营长期以来存在着忽视商业运营的问题，其主要资金来源为国家或地方财政的支持而缺少企业经营理念，导致“叫好不叫座”的情况普遍存在，不但造成资源浪费也未能发挥科技馆应有的社会作用和科普价值。

在新媒体环境下，科技馆这种非营利性企业可以在商业模式的指引下更好地发挥其科学普及的责任。基于此，结合厦门科技馆在新媒体传播的应用实例，探讨科技馆如何基于新媒体进行市场定位、品牌策划以及利用互联网思维进行营销渠道的选择、内容的创新运营，梳理出科技馆在新媒体推广以及商业模式指导下的建设策略。

2. 科技馆的商业模式

位于福建省厦门市文化艺术中心的厦门科技馆（图 3-2），于 2007 年 3 月 16 日正式开馆。科技馆占地面积 17000 平方米，展厅面积 10000 平方米，以“人—科技—和谐”为主题思想，设计了“海洋—摇篮”“探索—发现”“创造—文明”“和谐—发展”“儿童—未来”五大主题展区，讲述科学的发展脉络：生命起源于大海——人类诞生后探索自然，总结科学规律——创造社会文明——现在，人类寻求和谐共生——儿童科学教育决定未来。馆内目前拥有 400 余项互动展品，多项省内乃至国内第一的奖项，并建成了福建省第一座 4D 立体动感影院。该馆一直以来以展览教育为核心，结合培训教育和实验教育，

① 李飞翔．浅析科技馆如何利用新媒体进行创新性营销——以厦门科技馆为例［J］．自然科学博物馆研究，2017，2（S2）：128-132.

力图使观众领悟科学的真谛①。

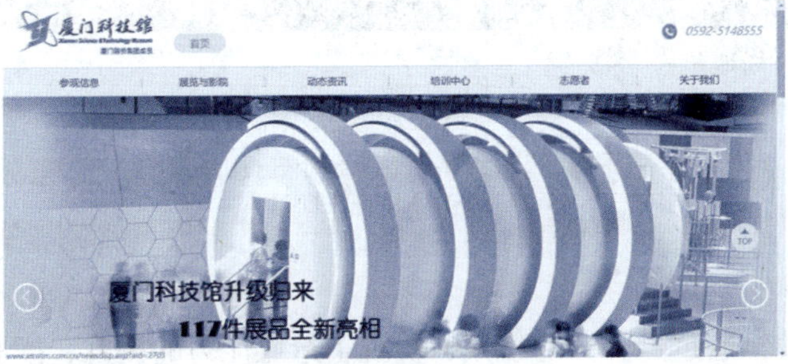

图 3-2 厦门科技馆官网

此外，值得注意的是，与传统的完全在政府主导和资助的科技馆不同，厦门科技馆是由厦门路桥公司建设的厦门科技馆管理有限公司全面负责科技馆的管理与运营的。科技馆建馆以来，一直秉承着“弘扬科学精神，普及科学知识，传播科学思想和科学方法”的建馆宗旨，成为厦门市展示“文化之城、艺术之城、科技之城”的重要窗口之一。厦门科技馆采用政府和企业共同投资经营模式运作是科技馆企业化运营的一次积极的尝试（表 3-3）。

表 3-3 科技馆的商业画布模式

重要合作	关键业务	价值主张	客户关系	目标顾客
建立沟通科研机构、教育部门以及一些科研展品供应商、教育机构、社会大众的资源共享、共生的业务生态网络系统 （1）科研机构、大学 （2）科研产品供应商 （3）科学玩具供应商 （4）各级教育主管部门、中小学	（1）科学用具和玩具使用 （2）科研展品的体验和售卖 （3）网站 （4）衍生品服务 （5）门票	坚持“强化服务意识、提高服务水平、树立企业品牌，以良好社会公益形象带动并促进经济效益的实现”的基本思路。将科普教育和休闲旅游相结合，进行差异化定位，突出“寓教于乐”的特色，让科技馆新媒体营销找到落脚点	作为提升公众科学素养的重要科普教育场所，最大限度地发挥其社会职能	（1）本地居民 （2）外地游客
	核心资源		**渠道通路**	
	（1）品牌口碑 （2）政府支持 （3）线上平台网站、微博、微信的传播系统构建		（1）间接渠道：游客的朋友圈；微博、微信的阅读受众 （2）直接渠道：现场参观、讲座、馆校结合、大型活动比赛	

① 厦门科技馆官网（http://www.xmstm.com.cn/）.

续表

成本构成	收入来源
（1）固定成本：场地装修维护、办公用品采购、展品采购 （2）可变成本：人力成本（工资、专家费）、宣传成本、场馆维护成本、活动费用（比如科技周活动）等	（1）门票 （2）科研展品 （3）与企业合作进行产品研发 （4）馆校合作项目

厦门科技馆通过这种商业模式，实现了造血能力的提升，摆脱了传统公益性组织运营科普新媒体对社会和政府形成较强的依赖。对于科技馆来说，无论是人员的积极性调度上，还是资金的运转上，以及整个科技馆的形象提升和科普能力实现等方面通过商业模式设计会有重大改变。这种商业化的运作为其拓展了受众来源和资金渠道，也可以实现人员的精简，让馆内不养闲人，进而促进其运营能力和效率的大幅度提升。厦门科技馆在新媒体运营方面得到了广大受众的认可，不断塑造自身的品牌形象，成为国内科技馆的成功典范之一。

在核心资源的创造上，该馆十分重视利用微博、微信等自媒体平台进行营销，在文案写作中善于把握受众的兴趣点，找出有趣和实用兼备的内容，吸引受众注意。例如，在 2015 年羊年生肖展时，其创作的一篇《大象和小羊同时上厕所，谁先出来？答案不敢相信》对知识点“哺乳动物排尿时间为 21 秒左右”进行科普，在短短的 3 天内该文的阅读和转载量就超过了 11 万次，使得厦门科技馆的品牌形象得以塑造。

此外，要做到用户自觉转发并且激发参观科技馆的兴趣，科技馆在线服务除了文案内容的角度独到之外，还要创造出有价值的内容，才能打通线上线下渠道，创造新的价值点，激发目标客户的购买行为。在目标顾客方面，厦门科技馆一方面在官网平台上展示科技馆内的基本信息和活动信息，利用虚拟体验技术，让观众直观地感受馆内的游玩项目，并根据目标客户群体的划分，设计了针对不同年龄段的参观路线，观众可以根据自身的需求选择不同的场馆体验。另一方面善于利用厦门为国内热门旅游城市的特点，针对网上较为缺乏有价值的亲子游攻略的实情，从 2013 年开始，在每年的冬季和夏季都会推出精品的厦门亲子攻略，以真人游历厦门的路线，介绍目的地、交通、食宿等方面的内容。其中在2015年夏季推出的《2015年夏天，我们在厦门》，在旅游门户网站、微博、微信等平台上一经发布，就备受网友关注，在2个月内网站的阅读量达到了121780次，推荐分享的人数高达3295次[①]。该项目目前已经成为该馆官网内的一项特别的服务指南。

另外，在国家政策的引导下，厦门科技馆还积极与中小学对接开展广泛的馆校合作项目，将场馆内丰富的展项和教育活动资源作为学校教育的有益补充。在场馆学习时结合前沿科技，采用体验式和探究式的教学策略打破学习壁垒，为学生学习和教师教学搭建更广阔的平台。厦门科技馆还结合自身的特点，对核心资源进行开发、传播和使用，设置了一些馆本课程和教师培训，并设置了具体的活动指南，这些不仅有助于场馆自身品牌形象的塑造以及价值链的延伸，也有助于科技馆实现自身的科学普及的终极任务，更好地服务于大众和社会。

3. 结论

主要依靠政府“输血”的科技馆的运营，在商业化运营上也有探索的可能：①明确目标受众，拓展市场。在服务好政府相关部门规定的对象外，进一步细分自身的顾客群体，比如中小学生、科技企业的员工或者政府工作人员等，针对目标客户进一步完善产品和服务。②制定适当的竞争战略，特别要重视差异化战略的制定，以创造差异化的竞争优势。比如地方性的科技馆在进行科学知识普及的时候可以更多地融入当地特色，打造属于自身的IP。③结合自身优势丰富服务内容，不断衍生自身的服务内容。④注重发挥价值网络的作用，创新收益模式，从而使商业模式的价值链更加多元化，通过不断挖掘科技馆等类似的科普企业的发展潜力，最终实现良性的“造血式”的运营发展。

（三）众筹科研模式：以 Experiment. com 为例

众筹也称大众融资或平等众筹，这一概念是由美国人迈克尔·莎莉文于2006年提出，指的是普通网民通过众筹平台彼此沟通联系，从而募集资金，进

① 李飞翔. 浅析科技馆如何利用新媒体进行创新性营销——以厦门科技馆为例［J］. 自然科学博物馆研究，2017，2（S2）：130-134.

行创新项目与创造性产品生产的行为。科研众筹是互联网众筹融资的一个细分领域，它通过互联网平台连接研究人员与社会投资者，依靠社会公众资金来支持想法独立、服务大众的研究项目的顺利开展，最终投资者也会得到相应的经济利益或其他回报[①]。有学者指出发展科研众筹能够提高公众对科学研究的认知度和参与度，促进项目实施以及科技成果转换效率的提高[②]。

1. 背景介绍

Experimenf.com 于 2012 年正式投入运营，是全球第一个面向学术研究领域的众筹网站，也是目前运营规模最大、运营模式相对成熟的科研众筹平台。该网站不仅获得风险投资，更是获得了比尔 · 盖茨的支持。Experimenf.com 专门为缺乏资金支持的学术研究项目或科技创新项目筹集资金。与一般的众筹模式相似，寻求资金帮助的科研工作者需要事先在网站上发布自己准备研究的项目的研究意义、思路、方案、成果形式及其所需要的资金。大众投资者根据相关资料和自己的兴趣对其进行投资，当大众投资者累计投入的资金达到预期额度之后，资金筹集阶段告一段落，科研工作者就可以使用这些资金开展研究。研究结束之后，所有捐款者都会获得一份实验日志并且分享其实验成果，而 Experimenf.com 也会收取筹资金额的 5% 作为中介费用。目前在该众筹平台筹资的项目涵盖了海洋、基因、化学、经济等领域。据统计，Experimenf.com 已经从 70 多个科研机构那里收集到 4000 多个科研众筹项目，并成功上线 695 个项目，272 个项目最终众筹成功，筹资总额约 150 万美元[③]。

2. 科研众筹商业模式

众筹模式中的核心是众筹平台，它连接了大众投资人和融资企业或个人。大众通过众筹平台了解筹资的信息和金额，并通过平台与筹资人进行沟通；当确定需要投资项目时，会与众筹平台和筹资人签订协定，通过银行或者支付机构支付资金，银行或支付机构先保管投资人资金作为保证金[④]（图 3–3）。

---

① 尹振涛，阎沭杉. 利用众筹模式拓宽科研经费的筹集渠道［J］. 科学管理研究，2015，33（06）：101–104+120.

② 张九庆. 科研众筹对中国科研活动的影响［J］. 中国科技论坛，2015（4）：1–1.

③ 尹振涛，阎沭杉. 利用众筹模式拓宽科研经费的筹集渠道［J］. 科学管理研究，2015，33（6）：101–104+120.

④ 范家琛. 众筹商业模式研究［J］. 企业经济，2013（8）：72–75.

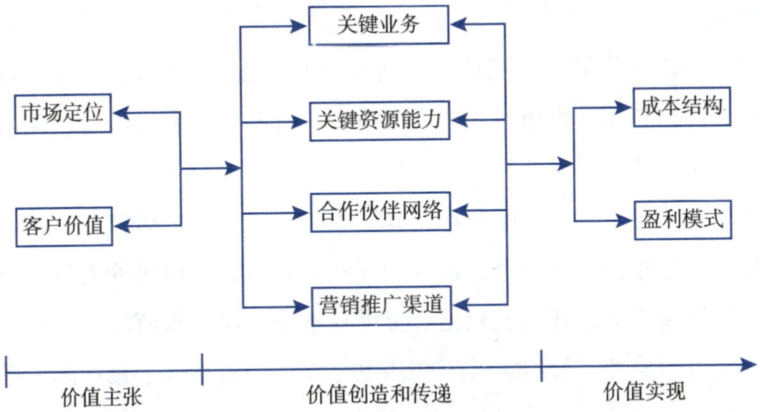

图 3-3　众筹平台的商业模式

众筹的商业模式依据其运行的复杂程度，以及涉及的利益相关者的数量和法律环境，可划分为三种模式：①捐赠与赞助模式；②预售模式；③借贷与股权投资模式[①]。与其他众筹不同的是，科研众筹的科研人员通过互联网方式发布项目众筹申请，随后直接从社会公众受众募集研究经费并公开研究成果的[②]。科研众筹作为开放科研模式的一种新探索，可以广泛吸纳社会资源参与科技创新，在近来的发展中已经逐渐凸显出重要作用。目前国际上已经有不少成功的典型案例，包括 #SciFund Challenge（www.scifundchallenge.org）、Experiment（www.experiment.com）、PetriDish（www.petridish.org）等。科研众筹作为一种新型的公众参与科学的方式，对于科学知识的普及具有重要的意义。

在科研众筹平台 www.experiment.com 上发起科研项目，发起人必须通过"About this project"栏目向公众介绍和普及与项目相关的科学内容。与此同时，在"Ask the scientists"栏目，发起人对项目的研究背景、作用及目标做进一步的介绍。这种科学普及更具针对性，相比传统的科学普及，科研众筹可以把科学研究的一些前沿知识纳入科普内容，并可以提高受众的参与感。不仅如此，科研众筹的商业模式让我们看到了其发展的必要性和价值意义。

① IBRAHIMA N，VERLIYANTINA D. The Model of Crowd Funding to Support Small and Micro Businessesin Indonesia Through a Web-based Platform［J］. Pro-cedia Economics and Finance，2012（4）：20-25.

② GILES J. Finding philanthropy：Like It? Pay for It［J］. Nature，2012，481（7381）：252-253.

3. 结论

首先，科研众筹能够屏蔽掉传统科学研究领域中行政化干预较多的现象，项目的可行性和实用性由市场和公众来决定，这在一定程度上可以倒逼科研单位的去行政化改革。其次，在传统的模式下，研究人员如果想要拿到一些学术科研项目，要求自身有相应的职称与其匹配，但是实际上研究人员的职称与研究能力和水平并非完全划等号，这对于那些真正有志于科研的人员不公平，而在科研众筹的模式下，社会公众更看重项目本身的实际价值以及可操作性、可完成性以及可回报性。最后，科研众筹也可以在一定程度上减轻国家资助科学研究的负担。

不仅如此，与欧美等发达国家相比，我国学术捐赠的发展一直较为缓慢，学术研究的过程不透明和不公开，阻碍了民众和一些社会资本对学术捐赠资金最终能否真正用于学术研究的信心。而在新媒体环境下，科研众筹可以有效化解研究人员与捐助者之间的信息不对称，未来可以促使科研经费的来源更加多元化，科研成果可以更好地落地实施。

第四章 传统媒体科普的新媒体转向

2014 年被称为“媒体融合元年”。当年 8 月，中央全面深化改革领导小组第四次会议通过《关于推动传统媒体和新兴媒体融合发展指导意见》。该意见指出，传统媒体需加快媒体融合的步伐，这种融合既要尊重新闻传播规律，也要掌握新兴媒体的发展规律[①]。2019 年 1 月，国家主席习近平在“全媒体时代和媒体融合发展”的讲话中指出，“信息变得无处不在、无所不及、无人不用，全媒体不断发展，出现了全程媒体、全息媒体、全员媒体、全效媒体，导致舆论生态、媒体格局、传播方式发生深刻变化”[②]。在传统媒体与新媒体的融合进程中，传统科普媒体也面临着一样的挑战，也正经历一场深刻的转型和深度的融合。

第一节 传统媒体与新媒体的融合

媒体融合过程中，传统科普媒体渴望实现科普资源共享，可以整合各类媒体资源，形成新的采、编、发流程；随着媒体作为科普资源载体的数字化发展，传播服务的移动化、本土化和个性化愈加明显。可见，媒体融合是传统媒体发展的

① 关于推动传统媒体和新兴媒体融合发展的指导意见［J］. 今传媒，2015，23（8）：52.

② 新华社评论员. 学习习近平在中央政治局第十二次集体学习时重要讲话：推动媒体融合发展走深走实［J］. 理论导报，2019（2）：6.

一种必然趋势，并按媒体互动、媒体整合和媒体大融合三个层次有序发展[①]。媒体融合从互联网思维出发，按照门户媒体、社交媒体和场景媒体的层次开展[②]。

一、传统科普媒体的融合层次

传统科普媒体在媒体互动层面，与新媒体之间在内容和营销领域开展互动与合作。这种融合并不涉及媒体所有权合并，而是传统媒体将注意力放在新媒体与受众互动的视角上，新媒体作为受众对传统媒体的信息参与方式和信息评论方式，以及传统媒体对受众的信息推广方式和调查方式，进而实现不同媒体之间的双赢。

传统科普媒体在媒体整合层面，就可以通过所有权的合并或组合，开展组织的结构性融合[③]。此时科普媒体可同时拥有报纸、电视、广播、网络等媒体形式，各媒体之间在统一的目标下最大限度地实现科普资源的共享、开发与整合，各媒体平台协同运作，使科普媒体产生整体效益放大的效果。

传统科普媒体随着媒体整合的深入和传媒科技的发展，与新媒体的边界正在消解，数字媒体平台将成为未来各个媒体形式的汇聚点，最终可能出现网络、媒体、通信三者的“大融合”。未来，传统科普媒体将是实现云端科普资源共享、各路网络渠道的信息交互、各种媒体终端的个性化定制的科普新媒体内容提供商和科学教育服务的集成商。

当然，在媒体融合的过程中也会出现不少问题。比如，伪科学内容、虚假科技新闻泛滥。2011 年，因为日本核泄漏在网络上出现盐可以防辐射的说法，形成在中国大陆部分地区食盐销售抢购的现象。又如，科普信息同质化极为严重，既影响媒体的公信力，也影响科普工作者的积极性。因此，传统科普媒体在新媒体转向和运营中担负着重要的责任，也需要积极地开拓科普新媒体的发

---

① 许颖．互动・整合・大融合——媒体融合的三个层次［J］．国际新闻界，2006（7）：32-36.

② 胡正荣．传统媒体与新兴媒体融合的关键与路径［J］．新闻与写作，2015（5）：22-26.

③ 宋昭勋．新闻传播学中 Convergence 一词溯源及内涵［J］．现代传播（中国传媒大学学报），2006（1）：51-53.

展空间。

二、互联网思维下的科普媒体融合

从互联网思维看，科普媒体融合经历了门户媒体、社交媒体和场景媒体的三个不同层次。

科普门户媒体是传统媒体利用信息技术开发网站或终端服务系统，提供相应的内容。如，科技类报纸提供的门户网站、科技馆提供的展品展项导航和新媒体内容服务 APP 等，其考核以用户数、点击率、流量等为基本的参考标准。

科普社交媒体除了提供数字化的科普内容和数字化的科普服务，还将科普爱好者集聚在虚拟社区或社交网络服务上。通过系统后台数据的分析处理，该科普社交媒体可以为用户定制和推送信息与服务。这些后台数据也成为科普社交媒体富有价值的资源，通过数据挖掘、知识发现等分析手段为用户提供精准服务。

科普场景媒体是以特定时间、空间、情境和需要来实现和完成的科普媒体服务。科普场景媒体利用信息技术、大数据技术和人工智能技术等，以用户为中心，位置为基准，以增加价值为诉求提供服务。国内做得较为成功的场景媒体就是“今日头条”。2018 年，今日头条平台活跃着 1 万多位科学内容创作者，其中 60% 为 1990 年以后出生的。共产生了 4352 万篇科学科普相关内容，总阅读量超过 5500 亿次。今日头条平台上的科普内容覆盖航空航天、气候环境、信息科技、食品安全等多个领域。其中，信息科技领域内容创作活跃度最高，超过 1277 万篇的内容在 2018 年共获得了 1455 亿次阅读；而应急避险类内容最吸引用户，平均单篇文章阅读超过 2 万次①。

媒体融合进程中，科普智能媒体成为发展趋势，它将以用户数据为核心，多元产品为基础，多样终端为平台，深度服务为延伸，形成独有的融合媒体的服务架构。

① 今日头条科学科普创作者大数据出炉：单篇最高阅读量 1.2 亿［EB/OL］.（2019-02-28）［2019-03-01］.http://www.sohu.com/a/298166454_362042.

第二节　科普报纸的新媒体转向

长期以来，大众传媒都是面向大众科技传播的最主要渠道和手段，而其中的报纸为我国的科学普及做出了重要贡献。我国现有科技报社近 70 家，科普报纸包括了专业的科技报纸，如综合性科普报纸《科技日报》和各地方科技报，另外还有各类综合性报纸的科技版。然而，近些年来，随着报业市场化竞争日趋激烈，一些综合性报纸出现了“科普失语”的现象[①]。主要表现为科技新闻或科普内容所占比率偏低，科普内容偏于说教、单一枯燥，难以吸引读者。

有研究者基于全国 12 个省市进行调研，结果显示：互联网（包括移动互联网）是最受公众欢迎且印象最为深刻的传播渠道。但是，我国公民获取科技信息时[②]，最信任的科普渠道却是专业类科普图书、科学期刊和普通传统媒体（报纸、广播、电视）等。这说明公众对具有“科学把关人”的传统科普渠道的信任度仍然很高。在新媒体的环境下，传统媒体可以根据自己积累的品牌优势和口碑进行新媒体转型，借助新媒体的力量让科普老树开出新花。

一、报纸的新媒体转型之道

报纸作为传统媒体的重要组成部分，长期以来积淀的品牌效应是报纸科普具有的最大优势，但是该优势随着新媒体技术的冲击正在消解，报纸科普也变得举步维艰。如何适应全媒体融合趋势、实现品牌再造、焕发新的活力是当前综合类和地方性的科技报纸亟待解决的重要课题。在传播渠道上，内容生产商以及运营模式上都要有“超越报纸”的思维，实现“好内容”与“好载体”的完美融合，充分挖掘其新的经济增长点，才可能让纸媒在新媒体转型道路上重获生命力和永续经营。

---

① 李耿源．综合类报纸怎么办好科普专栏［N］．大众科技报，2012-04-10（3）．

② 谢广岭．从问卷调查看现阶段我国信息化科普方式和途径的发展——基于全国 12 个省市的数据［J］．科普研究，2016，11（1）：49-55．

（一）渠道创新：打造全媒体平台

在报纸与新媒体融合的趋势下，科技类报纸应紧跟报业发展时代潮流，一方面在具体科普内容的呈现方式上，可结合新媒体时代人们的阅读习惯进行创新，例如可以尝试通过二维码、VR/AR 等技术实现科普信息的可视化呈现，让受众在寓教于乐的氛围中轻松学习和获取科学知识和科技信息。另一方面，在渠道创新上，可以考虑基于传统媒体的品牌优势和已有资源，打造官方网站、新闻客户端、移动 APP、微博和微信等全媒体传播渠道。如中国科学报社打造的“一报一刊一网 + 新媒体矩阵”，就是纸媒与新媒体融合较为成功的尝试。其发布的科学新闻和科技类信息不仅成为其他媒体争相转发的对象，也是公众较为认可的权威的科学信息来源。

值得注意的是，内容的呈现方式也需要根据不同的媒体平台和受众结构进行调整，不可完全照搬纸质版报纸的内容。通过全媒体技术应用创新，整合多元化的科普内容形式，采编能够适合多种媒体渠道的科普内容，从而实现多媒体渠道的创新融合，扩大科普内容的传播影响力。

（二）内容创新：权威性和可读性并存

无论是传统媒体还是新媒体，精品内容一直是必须强调的重要资源，而选题策划则应考虑“内容为王”的需要①。一方面，报纸需要根据不同题材的科普内容，如时效性新闻选题、知识类选题、人文类选题以及需要长期关注的深度选题确定不同的内容。其中，时效性内容进行科普报道时，要将发表于学术期刊的前沿科学观点在有限的时间内制作成科普新闻，可能更多地需要结合评述的方式，或者对业内的权威专家或者作者本人进行采访，尽可能全面、客观地呈现内容，此时利用社交媒体的排版模式可取得较好的科学传播的效果。而对于知识类的选题，应当重视说明性插图、漫画或者短视频动画的形式，通过官方的微博、微信的移动终端应用进行立体式的传播。

此外，在新媒体时代，要重视内容的拓展性和服务性。拓展性指的是在制

---

① 黎海英. 论媒介融合下加强出版选题策划的必然性［J］. 学术论坛，2012，35（1）：93-96.

作和传播科普新闻既有的说明性内容之外，附加主要对象所涉及的一些拓展性内容，比如任务、事件等附上网络超链接或者二维码，让读者可以在 PC 端或移动端快速实现拓展性阅读，在提升科普信息可信度的同时延伸其含金量。而通过微博微信等渠道传播，可以减少时间上的束缚，能够有效地提升报纸的品牌影响力。服务性则指的是报纸在提供科学内容之外还要注重服务功能，为读者提供一些重要的经验性和参考性信息。比如为读者提供一些合作的科普知识讲座的信息或者相应的图书的购买链接等。

（三）观念创新：树立“用户中心”的意识

相较于新媒体的传播优势，传播报纸媒体最需要树立的就是“用户中心”的意识，以往报纸中的科普一味地向受众传达缺乏“温度”的科技信息，缺乏对受众生活中的实际情况的关注。被誉为全球科技传媒第一品牌的《科学美国人》的主编克瑞斯蒂拉就曾多次强调，该刊对读者的关键作用之一是不仅告诉读者目前应该关注什么，生活中有哪些有趣或者常常被忽视的科学知识，还要考虑受众需要长期关注的和未来需要关注的科技信息。这种“受众至上”的编辑观念将深刻地影响报纸的新媒体转向。

二、综合性科技报刊的转型：以科学网为例

《中国科学报》是我国依靠自然科学与工程科技领域学术群体创办的科学传播类大众媒体，由中国科学院、中国工程院、国家自然基金委、中国科学技术协会主管，拥有丰富的科技资源。该报早在 20 世纪 90 年代中期推出了电子版，启动了报网互动的步伐[①]。2007 年中国科学报社在坚守报纸阵地的同时开启了科学网的成长历程。科学网致力于全方位服务华人科学与高等教育界，以网络社区为基础构建起面向全球华人科学家的网络新媒体，促进科技创新和学术交流[②]。该网站不仅提供丰富多样的学术性信息内容、科学新闻报道和实用资讯，还致力于打造一个以个人用户中心为基础的虚拟科教社区，“构建全球华人

---

① 陈鹏．新媒体环境下的科学传播新格局研究［D］．合肥：中国科学技术大学，2012.

② 王飒，崔宇红．学术博客在学科知识交流中的作用分析明［J］．现代情报，2013，33（2）：125–133.

科学社区"[①]。目前，科学网已经拥有100多万名海内外科教界专家用户，其中实名博主8万人，日均页面流量约100万，每周出版的电子杂志发送至海内外30万实名订阅用户。

在渠道建设方面，科学网面向高端海内外专家用户群，提供丰富的传播产品，构筑了庞大的学术信息库和知识传播平台。科学网传播手段日益丰富，每天24小时提供科教界新闻资讯服务，同步开发了微访谈、视频、专题、论文集及电子杂志等其他产品，形式新颖、用户交互性强，有效地促进了科学传播。对于重大社会事件的传播，科学网通常会组合新闻、博客、专题、在线访谈、视频、社区活动等多种产品模式。比如新闻发布，博文推荐的同时，根据事件类型，策划专题、在线访谈或拍摄专家讲座视频。例如，2010年6月上线的"在线访谈"产品，结合各种热点话题实时讨论，实现科学网用户和知名海内外科教界专家及嘉宾实时问答，引起强烈的社会反响。除了高水平、高学历的用户所带来的潜在公信力，科学网众多频道坚守专业性、权威性，在提升科学网的行业及社会影响力方面同样功不可没。在科技新闻获取方面，科学网新闻频道自上线以来，多次对国内外重大科研成果及重大事件进行了全面、及时的报道，并与人民网、腾讯网等网络媒体保持良好的新闻协作关系，使之成为海内外科教界新闻、资讯、论文的重要传播平台。

在内容生产方面，科学网经过多次改版，先后推出会议、人才、组群、院士以及科普等受到用户喜爱的频道。传播内容覆盖了生命、医学、化学、工程材料、信息、地球、数理、管理综合等学科领域。此外，网站还提供了新闻、博客、论坛、人才、会议、论文、实验室和电子杂志等多种服务，创建论坛、博客和圈子等直接供用户进行交流和互动的平台。随后，科学网手机版、科学网微博和微信公众号、科学网电子杂志等也相继上线。2013年科学网获评"年度影响力行业网站"[②]。科学网逐渐成为用户群大、资料丰富、知名度高，集论坛和博客等交流方式于一体的专业性网站[③]。其中，博客频道是实行实名制的虚拟社会网络，

① 科学网．关于科学网［EB/OL］．［2019-05-18］．http://www.sciencenet.cn/aboutus/.

② 科学网．大事记［EB/OL］．［2019-05-19］．http://www.sciencenet.cn/aboutus/default.aspx?id=4&type=1.

③ 科学网．大事记［EB/OL］．［2019-05-19］．http://www.sciencenet.cn/aboutus/default.aspx? id=4&type=1.

博主身份主要以科研人员、学校教师、技术人员等高级知识分子为主①。大量专家博主提供了海量原创的优秀文章，科学网还定期地在博客首页评论并推荐博主们当前共同关注的话题，是典型的跨学科学术共同体②。科学网为科技界构建了一个基于共享、交流与反馈的平台。海内外科技工作者将这里作为言论阵地，立足科学，畅所欲言，各抒己见。他们发出的科学声音，经由科学网放大、发酵，继而响彻海内外。尤其是科学网博客社区，正是结合个人博客和博客群组两者服务模式的优势，在博客首页及时推荐精选博文、热门博文和按照博文的系统分类列出发表的最新博文。而对于读者来说，海量博文被专业网站的编辑团队首先选择推荐，网站编辑团队做了博文的第一道“把关人”，减少了读者的时间成本，提高了科学博客的有效传播。博客的评论功能更有助于博主与读者进行频繁而及时的交流沟通。科学博客已经成为便捷的网上非正式科研交流渠道，它加强了学者同行之间的交流，拉近了学者与公众的距离，为提高公民的科学素养搭建了平台，发挥着科学普及、舆论引导等作用。

在赢利模式方面，科学网做出了新的探索。作为全球领先的中文科学类网络媒体平台，科学网与各类机构组织和商业公司开展合作。主要提供的服务类型包括开设专栏或专区、网站广告投放、提供专业资讯、策划宣传报道及品牌推广等。此外，科学网还充分发挥“媒体＋互动”的平台优势，策划、举办了一系列具有行业乃至社会影响力的大型科教文化活动，引发了广泛的关注与参与，比如“科学网年度人物”评选活动、全国青年科学博客大赛等③。

三、地方类科技报纸的专栏创新发展：以“好奇实验室”为例

地方科技报纸的媒体融合也在探索和实践中。在这一方面，国内报纸科普具有创新借鉴和推广意义的案例要数杭州报业集团的《都市快报》开设的“好奇实验室”科普栏目。

---

① 科学网. 用户分析［EB/OL］.［2019-05-19］. http://www.sciencenet.cn/aboutus/default.aspx?id=7&type=1.

② 汪维富，钟志贤. 博客社区中好友链接的社会网络分析——以科学网的博客社区为分析案例［J］. 教育技术，2010（5）：55-59.

③ 唐琳. 十年坚守　以科学的名义［J］. 科学新闻，2017（2）：6-9.

“好奇实验室”是由都市快报社和杭州市科协联合创办的一档科普栏目。该栏目形式新颖，通过动手做实验帮读者和观众求证和解答日常生活中的种种问题（图 4–1）。采用实验验证的方法，把原本枯燥刻板的科普内容，通过新颖的实验过程呈现，使受众能够在轻松的氛围中了解相关知识，感受科学实验的严谨性，可谓实现了向普通大众普及科学技术知识，倡导科学方法，传播科学思想的科学普及目的。此外，该栏目还与高校、科研机构紧密合作，依托院校的科研实力，通过专家严谨的实验验证和科学解读，保证了实验过程和结论的可靠性。根据 2011 年 6 月尼尔森的调查数据显示，“好奇实验室”在“快报时间”的观众好感度排名前三，达到 83.1%[①]。

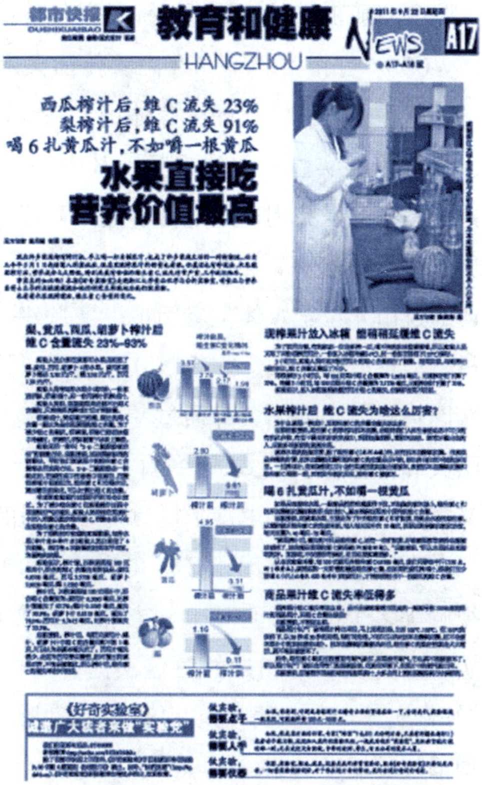
都市快报
教育和健康
HANGZHOU NEWS A17
西瓜榨汁后，维C流失23%
梨榨汁后，维C流失91%
喝6扎黄瓜汁，不如啃一根黄瓜
水果直接吃 营养价值最高
梨、黄瓜、西瓜、胡萝卜榨汁后 维C含量流失23%-93%
现榨果汁放入冰箱 能稍稍延缓维C流失
水果榨汁后 维C流失为啥这么厉害?
喝6扎黄瓜汁，不如啃一根黄瓜
商品果汁维C流失率低得多
《好奇实验室》诚邀广大读者来做“实验员”

图 4–1 都市快报“好奇实验室”报纸版专栏

“好奇实验室”的科普创新主要体现在以下两个方面。

（1）内容形式创新。“好奇实验室”在选题和内容表现形式上都具有一定的吸引力，通过实验验证来普及与健康、生活等相关的知识。“好奇实验室”不仅仅定位于“转述”科学家的知识，而是在传播知识的同时，通过给公众提供加工过的信息，促进公众对某些学科、技术、理论和观点的特别关注，为公众设置讨论的议题，引导社会公众的思考。此外，该栏目从选题方面实现了报纸与公众的结合，使公众能够参与对科技发展与应用问题的讨论，利用“筛

① 都市快报 好奇实验室［EB/OL］.（2011–10–13）［2019–03–21］. http://z.hangzhou.com.cn/content/2011–10/13/content_3914853.htm.

选”和“加工”科技信息，促进科技传播。

（2）“好奇实验室”在内容传播渠道上实现了多媒体的融合。该栏目的制作团队是全媒体时代的全媒体记者和编辑，不仅能采编实验过程的图文，还可以全程采编实验过程的视频。其中采编的图文内容通过《都市快报》进行传播，采编的视频则通过电视、网络等媒体渠道进行传播，从而实现多媒联动的创新传播途径。“好奇实验室”栏目除了在《都市快报》的科普专栏呈现外，还通过由 4 位全媒体记者组成的实验组，采用多机位拍摄的实验全过程影像素材，剪辑成微视频，在华数 0 频道的《快报时间》（电视媒体），快豹宽频（自有网络媒体）播出，并通过“好奇实验室”栏目的微博、微信等公众账号推送图文和视频。多形式的栏目内容，新兴媒体的联动，既保证了节目的时效性，又拓展了受众面，丰富了栏目内容传播的渠道和形式。

在网络传播方面，好奇实验室栏目制作的实验验证视频，通过优酷、搜狐视频等多个网络视频平台进行推广，实现了科普栏目内容的互联网再次传播，实现了对互联网用户的覆盖，提升了栏目的受众面和公众影响力。仅优酷网“好奇实验室”专辑便有 148 个视频，总播放量达到了 93069446 万次，每集平均播放量超过了 62.8 万次[①]。

总而言之，《都市快报》的“好奇实验室”栏目从内容选题、表现形式、传播渠道、与受众互动等方面都具有一定创新性。作为一份地方性报纸，《都市快报》充分发挥了报业全媒体的优势，实现了科普栏目内容的多层面创新，具有重要的借鉴意义。目前，全国地方性报纸有上千种，如果都能够充分发挥报社内容采编和生产的优势，开设类似的科普栏目，实现科普内容信息化、数字化的创新转型，对提高地方性报纸面向公众的区域性科学普及能力必将大有帮助。

四、总结

报纸作为科学普及的重要渠道，在新媒体环境下应该创新科普内容表现形式、整合全媒体传播渠道、增强与受众的互动，从而提升报纸科普内容的质量，提高报纸科普内容的受众面，扩大报纸科普的影响力。

---

① 好奇实验室优酷专辑［EB/OL］.（2014-05-05）［2019-03-21］. http://www.youku.com/show_page/id_zcab27e28fe4e11e2b8b7.html.

（1）在创新科普内容表现形式方面，科技报道类内容可采用科技成果可视化、科技信息图、科普漫画、3D 科普内容等形式进行创新，以提升科技报道的可读性；综合类报纸的科普专栏可采取创作服务公众生活的科学实验、科普小说等题材的科普内容，以提升读者对科普内容的兴趣。

（2）在整合全媒体传播渠道方面，具有科普内容的报纸可以通过移动 APP、微信和微博等新媒体传播渠道进行科普内容的推送，从而适应新媒体时代公众信息获取的变化节奏。此外，报纸科普应充分发挥报社内容创作的优势，将图文科普内容进行新媒体表现形式的再创作，通过电视媒体、网络电台、视频网站等再次传播。

第三节　期刊科普的新媒体转向

一、新媒体环境下期刊科普发展

根据我国发布的《科学技术期刊管理办法》第二条，科学技术期刊是指具有固定刊名、刊期、年卷或年月顺序编号，印刷成册，以报道科学技术为主要内容的连续出版物，它包括综合性期刊、学术性期刊、检索性期刊和科普性期刊5种[①]。目前，国内期刊科普的主力军主要是专门的科普期刊，近年来，不少学术期刊开始重视刊物的科普功能，专门开辟出科普栏目或通过将学术期刊中的科研论文转变为通俗易懂的新闻进行传播。

对期刊而言，新媒体的形式繁多，具体呈现的方式有：电子期刊、电子书网络出版平台、多媒体应用以及跨媒体融合等。当前科普期刊的数字化传播主要还是基于纸质版期刊的内容利用新型的数字化手段（如：智能手机终端）加以实现。另外还有完全基于计算机技术、网络技术和电子通信技术，通过电子邮件或文件传输方式出版发行的电子期刊[②]。

① 王春林．科技编辑大辞典［M］．上海：第二军医大学出版社，2001：72.

② 向飒．论网络期刊发展的制约因素［J］．郑州大学学报（哲学社会科学版），2003，36（6）：154–156.

学术期刊是科学研究成果最重要的展示平台，其科学属性决定了其在表现形式上的严肃性。长期以来学术期刊的办刊人都把“学术质量”看作刊物的“生命”，极力强调其作为学术载体存在的必要性，但是忽略了其作为媒体的新闻属性。学术期刊作为科学知识传播的重要媒体和权威来源，有责任在科普工作中承担应有的职责，贡献自己的力量①。科普期刊是面向大众传播科技知识的载体，肩负着传播科学、提升大众科学素养及为科技发展营造良好社会环境的职责②。与专业性的学术期刊相比，科普期刊的受众范围更广，可读性更强，传播的形态也更加多样，然而在新媒体技术的冲击下，传统的纸质版科普期刊生存形式已经越来越严峻。在此背景下科普期刊亟须转型，在运营观念、内容生产、运营模式等方面进行调整。

（一）运营观念：为受众服务

新媒体环境下媒体传播的重要特征之一是跨媒体和跨时空传播。具体体现在科普期刊的受众中，表现为受众的分散化、个体化以及私人化。对于相同的科普内容，通过不同的媒体形态（纸质版、电子版、微博、微信、APP 等）进行呈现，为受众带来不同的媒体体验；而科普期刊也必须转变观念，为受众提供更优质的科普体验，让受众从被动地接受知识变为经历科普体验。优质的科普体验意味着读者在科普阅读和科普活动中获得了愉悦感，认为自己所付出的注意力消费和货币支付是值得的，从而对该期刊产生信任感和依赖感，产生用户黏性③。如，在网页的设置、APP 的版式选择、微博和微信平台话语机制的运用上均可为受众提供优质体验。

（二）媒体转向：新媒体化生产与传播

在融合出版的大趋势下，科普期刊的新媒体转向逐步实现了跨媒体出版传播，广泛运用了网站、微博、微信等开展业务，合力促进期刊的品牌形成。典

---

① 王丽，詹洪春．学术期刊强化新闻报道和科普作用的意义［J］．编辑学报，2013，25（2）：112-114.

② 张波．我国科普期刊研究流变与态势［J］．中国科技期刊研究，2018，29（1）：8-13.

③ 任广乾，汪敏达．科普体验中的认知、偏好与信念研究［J］．科普研究，2011，6（1）：15-21.

型特征有“平台吸纳和融合”“读者参与内容生产”与“线上线下对接”等，最大限度地利用新媒体来吸引和扩展受众群，塑造期刊品牌形象，延长期刊运营生产链条。对科普期刊而言，新媒体不仅在传播平台上提供了新的契机，一方面带来了基于大众参与的新的内容生产机制，另一方面基于纸质期刊的线上资源和线下活动的勾连使得科普期刊有了全新的业务拓展途径。此外，带来了网络付费订阅以及基于品牌资源的付费问答等新的科普新媒体运营的盈利模式。

（三）运营模式：主导建设科普文化

新媒体时代，科普内容生产和科普平台建设是科普传播的两大重要根基。对于科普期刊而言，一方面它具备内容生产的经验模式以及具有较高科学素养的人才队伍，为科普内容生产提供动力源泉；另一方面，科普期刊通过建设自己的传播平台和利用已有的一些平台进行科学信息的传播和知识普及。目前，不少科普期刊开始从自身出发主导建设科普文化的产业链，形成科普资源聚合中心。通过开展学术交流活动、举办科技讲座、科普活动进校园、科普知识进家庭等，使得科普期刊不仅成为科普知识和科普传播宣传推广的重要平台，而且也成为科普产品开发和创新的孵化器。

二、科普期刊《知识就是力量》的新媒体转型

《知识就是力量》创刊于 1956 年，由周恩来总理题写刊名，许多知名的科学家如钱学森、华罗庚、周光召、白春礼等都为其撰写过科普文章。最初定位为青年工人阅读的综合性科普刊物。作为一本见证了中华人民共和国科技成长发展历程的国内老牌科普期刊，面对新媒体的冲击，正通过媒体融合发展焕发新生。

该刊自 2014 年 1 月改版以来，围绕着跨界融合和用户思维打造产品，着力于面向青少年全媒体科普平台的塑造和发展。改版以后，该刊的定位为国家级青少年综合性科普期图文刊，旨在为青少年“播种科学的种子，点燃科学的梦想”，以小知识、增大智慧，服务于青少年的学业生活，助力青少年的成长。在随后 6 个月时间里，以杂志为基础，搭建了全媒体平台知力网，吸引了众多科学界人士及新老读者的关注。改版以来，该刊获得了多项荣誉，入选 2017

年度和2018年度“全国少年儿童喜爱的百种优秀报刊”、2018年度“原动力”中国原创动漫出版扶持计划和2018年度中文科技期刊精品建设计划。

在运营观念上，《知识就是力量》在改版之后，更加明确了自身的定位和刊物的服务对象，作为一本肩负着面向青少年普及科学文化和科学精神的使命的刊物，在产品的开发和内容的生产以及传播渠道的选择上都充分地体现了用户思维。用户思维是指在价值链各个环节中都要“以用户为中心”去考虑问题，也是互联网思维的核心[①]。以《知识就是力量》全媒体平台力推的《大美　中国女科学家》为例，该项目主要集结了一批在现代做出重大科技贡献的中国女科学家，记录她们的事迹以及为中国科技事业发展做出的贡献。该项目为了更好地调动青少年的阅读兴趣，满足不同年龄段读者的阅读需求，创新性地采取了“图书＋音频＋视频”的方式呈现女科学家的风采，读者可以通过扫描书中的二维码进行收听和观看。自从2019年3月上线以来，该项目联合人民网、新华网、腾讯、今日头条等权威平台进行传播，在社会上取得了较好的反响[②]。

在内容建设上，知力网（http://www.zhili.org.cn）的“特别策划”“探索发现”“艺术科学”“行知天下”“趣味科学”等主打版块的设计与纸质版期刊的栏目内容相互勾记，实现了期刊文章的跨媒体传播，构成了网站内容的主体。此外，除了纸刊和线上文字和图片模式，《知识就是力量》还将眼光瞄准了新兴的有声市场。该刊以多年的科普内容资源积累，联合一些儿童文学和青少年广播的一些知名主持人打造出“知力微电台”，将科学知识和科学原理融进故事里。

在全媒体布局上，该刊在2014年以来，建设了知力网并开通了官方的微博和微信。读者可以登录微博微信搜索关注该刊。基于手机端和PC端的阅读客户端和网站的“知力精华”与“知力智库”也保持着每月的更新。在线上线下对接方面，《知识就是力量》期刊依托主管单位中国科学技术协会、中国共产主义青年团等组织，与中国科技馆、北京展览馆等单位合作，开展了知力系列知识讲座、科学大讲堂以及科学家进校园等活动。这种线下活动和线上推广相结合的模式，最大限度地利用新媒体来吸引和扩大受众，有利于塑造期刊的品

① 汪霏霏. 以用户思维推进传统媒体转型［J］. 青年记者，2014（25）：17–18.

② 何郑燕. 新媒体环境下期刊创新思维探索——以《知识就是力量》杂志为例［J］. 新媒体研究，2019，5（4）：73–74.

牌形象以及扩大受众规模和增强读者黏性。

三、学术期刊科普的新媒体转型：以 *Nature*（《自然》）为例

目前，国际上不少学术期刊都增加了科普元素。由学术期刊提供专业性的最新科研成果，利用新媒体以大众化、通俗化的语言，将其以喜闻乐见的科技新闻的形式传播给公众，已成为国际上较为成熟的一种运作模式。尤其在国际新闻中，将科研成果转换为科学新闻的比例较高，其中美国科学促进会创立的 Eurek Alert 系统（www.eurekalert.org）、欧洲的 Alpha-Galileo 等平台向免费注册的记者提供各种学术期刊即将发表的重要论文的新闻稿。此外，自然出版集团（Nature Publishing Group）和 Science 等设有专门的开发部门，对旗下的学术期刊内容资源进行二次开发，将学术论文的成果进行二次加工，让公众也能够读懂。西方国家有一系列较为完备的原则确保科研论文转化为媒体报道，包括“no paper，no news”（无论文，不新闻）以及“embargo”（限时发表）原则等[①]。这种学术期刊与新闻媒体的互动机制，促进了最新科技成果的科普传播，科研论文向新闻报道的“转译”，不仅有助于提升广大公众的科学素养，也有助于科研机构和科研人员社会影响力的提升。

以新近发表于正规学术期刊的论文为线索或者为主要内容，将其改编为相对通俗易懂的、面向大众的报道，科学网总编张明伟将这类通过大众传媒渠道传播的科学新闻称为“论文新闻”[②]。

Nature（《自然》）创建于 1869 年，创刊至今已有 151 年的历史，影响因子高达 41.577（数据更新到 2017 年），突破了 40。作为一本综合性的学术期刊，内容涵盖了物理、化学、生命科学、医学以及应用科学等多个领域，属于国际顶尖学术期刊。目前，其官网（nature.com）月均访问用户超过 1000 万，月均页面浏览量突破 4400 万次，网站提供自然出版集团的出版物包括 *Nature* 在内的多种出版物和服务。此外，还有新闻和评论以及国际领先的招聘平台 Nature jobs。*Nature* 作为国际知名的学术期刊，长期重视期刊学术性和新闻性并存。

---

① 王大鹏．关于实现科研论文与科学新闻衔接的思考［J］．科技传播，2014（20）：43，62.

② 张明伟．从论文到新闻——以中国科学报社论文新闻报道为例［J］．科普研究，2018（2）：5–6.

该刊在栏目的规划中，就有专门的 News in Focus（新闻焦点）栏目。在该刊的官网上，专门开辟了 News 一栏，主要报道最新的学术新闻和观点。不仅如此，*Nature* 在选取论文时，就有一条重要的评价指标“谁对新的结论感兴趣”和“是否激动人心”，以满足专业和非专业读者的需要，并将其期刊定位成传播科技信息的载体。*Nature* 有专门的部门将期刊中的学术论文转换为能够引起读者兴趣的新闻进行二次传播。这种“论文新闻”的传播模式，不仅有助于前沿学术成果的快速传播，也有助于学术成果快速转换为实际应用（图 4–2）。

图 4–2　*Nature* 官网的 News 栏目

随着新媒体技术的发展，学术期刊仅使用传统的文字加图片显然已经无法满足日趋多样化的读者需求，尤其不利于学术期刊的科普价值的实现。*Nature* 非常重视音频和视频的应用，官网设有 Podcasts 和 Videos 栏目。例如，该刊在 2018 年 3 月以“运动中的脑电波：一个可穿戴的大脑扫描仪”的视频尝试科学可视化的方式，呈现了该刊 3 月刊登的一篇文章《通过可穿戴系统将脑磁图技术应用于现实世界》的科研成果（图 4–3），将晦涩的学术论文以动态、可视化的方式呈现给读者。这不仅有助于学术信息的传播，也有助于普通公众的科学知识普及。

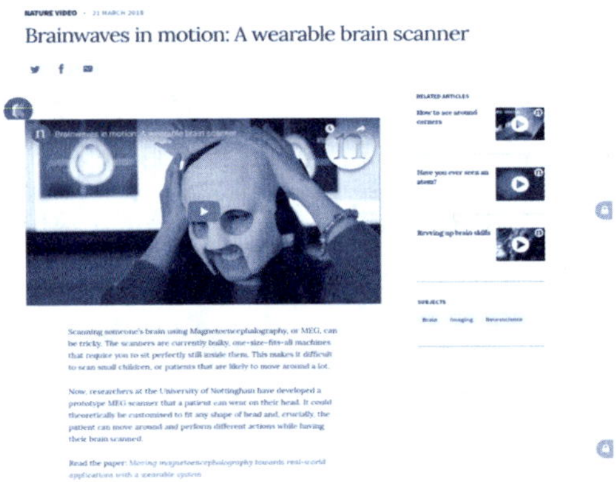

图 4–3　*Nature* 官网有关“运动中的脑电波：一个可穿戴的大脑扫描仪”视频

视频的下面有简短的文字介绍并链接到论文原文，并且可以供读者免费下载。

此外，*Nature* 每周都会出版免费的音频节目。节目重点概述当期文章的核心内容，还包括一些知名的科学家该谈实录以及世界各地科学记者的一些评论和分析（图 4-4）。

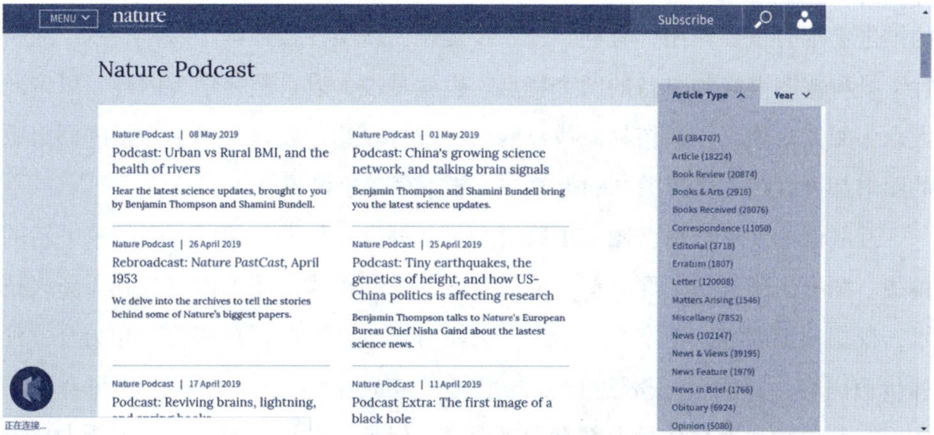

图 4–4　*Nature* 官网的 Videos 栏目

四、总结

在融合出版的大趋势下，《知识就是力量》等专业的科普期刊和国际上的顶尖学术期刊 Nature 都在科普方面做了一系列的新媒体实践，从早期单纯利用官方网站构建平台走向真正意义上的跨媒体出版。从它们的运营实践中可以发现，面对新媒体的冲击，在期刊科普的新媒体转向上，无论是科普期刊还是学术期刊都做了诸多有益的尝试。一方面，需要以读者为中心，转变编辑思路，为读者提供更优质的科普体验，利用大数据的抓取，为用户提供更加个性化的服务内容；另一方面，面对各种新媒体的冲击，科普期刊要充分发挥自身在纸质版期刊积累的品牌优势，促使媒体联动，实现多媒体混合经营。此外，科普期刊需要转换运营模式，从原来的科普文化产业链条上的一个节点转向将自己建设成为科普文化产业主导枢纽和科普资源聚合的中心。

第四节 科普图书的新媒体转向

科普图书是科普的重要形式之一，在公民科学素质的提高、科技事业发展的推进上都有重要作用，有利于进一步建设创新型科技强国。“科学性”“通俗性”是科普图书必须具备的两个特点。也就是说，以自然科学为内容，以普通大众为阅读对象，以通俗易懂浅显的语言进行表达，以普及科学为目的而出版的图书都可以归入科普图书的范畴，一般不存在争议[①]。

互联网的发展给科普图书出版带来了新的发展机遇，但同时也带来了新的挑战。图书出版打破了原有单一的纸质图书盈利模式，还可以充分利用新兴技术，挖掘知识内容，丰富产品形式。例如与AR、VR虚拟现实技术相结合，延伸价值内容，开发IP资源进行影视化制作和周边产品生产等。虽然科普图书在出版品种数和发行数量上都有大幅提高，但是，在整个图书市场上所占比例仍然较小，与文学类、教辅类等图书相比，它的市场份额依然存在很大差距，科普图书的新媒体转型之路尤为重要。

一、科普图书的新媒体转型之道

以往的科普图书往往是由文化精英、知识分子进行主导编辑，将科学知识进行再创作进而向大众普及的过程。但是，这一过程往往是自上而下的单向传输过程，以科学家、文化精英为中心向外传播，受众处于传播的最外层，只能被动接受，无法对内容进行取舍筛选。而这一过程无疑会导致传播的某种割裂，传播者与受众缺乏互动，科普内容不符合受众需求，形式枯燥单一，受众参与度很低，传播效果大打折扣。

在新媒体不断发展的背景下，科普图书必须借助于新的呈现方式打开市场，颠覆以往图书只能是纸质文字传播的观念，将新兴的传播技术与纸质图书

① 马俊锋，高宏斌. 数字时代科普图书的界定分类及统计研究概况［J］. 科普研究，2017，12（5）：43–49，57，108–109.

相结合，延伸到图书之外，增强与受众之间的交流互动，弥补传统科普图书表现方式单一枯燥的不足。

（一）内容生产创新：打造生产协作共同体

在本书的第一章节已经介绍了“协同式科普”的理念。协同式工作的特点是各独立的主体拥有共同的目标、内在动力，并依靠现代信息技术构建沟通和合作的方式，形成合力，进行共享、共进式的工作。在科普图书领域中，构建生产协作共同体尤为必要。一方面，由于图书编辑的要求及门槛相对于电视等其他传统媒体更高，这本身导致了图书创作者相较于其他传统媒体创作者的身份背景更为单一，多为有较高文化水平的学者；另一方面，面临市场不断变化和增长的需求，需要科普图书具有全新的创意和展现形式，需求与现状不匹配。这就需要打破以往单一创作者的生产模式，在生产创作中丰富参与者的身份背景，让不同的思想充分碰撞，各司其职，在较短时间内产生出更适合目前新媒体环境中消费者期待的科普图书。协作共同体的组织形式可以实现资源和要素的有效汇聚，打破主体之间的壁垒，最大限度地实现各个主体间人才、资本、信息和技术的共享，开展深度合作并探索科普创作的协作共赢。

（二）技术融合创新：增强受众沉浸体验感

新媒体技术的发展所带来的不仅仅是传统媒体之上简单的附加物，而是从各个方面对传统媒体展现形式的颠覆。科普图书由于其中含有许多科学原理，而只采用纸质图画和文字的形式有时难免有些枯燥，还会出现原理阐释不清楚或者不生动的现象。新媒体技术很好地弥补了这一缺陷，尤其是AR图书的出现，使图书的阅读模式被不断刷新。不同于其他新媒体技术是以纸质图书为基础创造出一些其他与之相匹配的线上推文或者有声读物，其本身就是纸质图书，纸质图书成为打开新世界大门的“钥匙”。图书出版与AR的结合，使得科普图书变得立体起来，书中的人物或者图画都可以通过三维动画展示出来，读者还可以通过点击、滑动等与之互动，在人机互动中感受图书的魅力，也更容易集中注意，形成更具体的认知。例如，AR图书《奇幻之书：魔咒之册》

是索尼公司和作家 J. K 罗琳运用 AR 技术合作研发而成，读者可以通过搭配 Play Station Eye，利用做成“魔法棒”样子的动态控制器，挥动施展魔法，体验故事情节中的魔幻情境和魔法特效，体验一种真实和虚拟完美结合的新型阅读方式①。

（三）宣发渠道创新：定制不同媒体宣发品

目前，图书的投放渠道更加多元化，除去传统的实体书店外，当当、京东图书、亚马逊等电商渠道也已成为图书销售的主要渠道，此外一些微信公众号、绘本店、超市等也都在图书销售中占据一定比例。还有一些政府采购渠道，例如，图书馆配置和农家书屋，由于其采购量较大，采购质量较高也被图书出版商所看重。面对众多不同的销售渠道，科普图书需要打破传统的只发行销售同一图书的销售方式，针对不同销售渠道的特点调整发售图书类型和策略。例如，同一图书开发不同版本，将精装版或者礼盒版以自媒体或者电商的渠道进行发售，而在实体书店等则继续发售普通版本，因为自媒体的宣传推广效果更好，消费者对于精装版的“情怀”买单度更高；与一些跨界公司展开合作，推出特别定制版本，与公司展开联合销售，例如《企鹅冰书》就曾推出长隆定制版。

二、《消失的世界》：AR 图书引领者

《消失的世界》由法国儿童科普作家亨利·德斯梅创作。该书使用风趣幽默的语言为孩子们阐述了人和动物之间的关系，并依照生物诞生的时间线，介绍了 32 种已经消失的生物。该书还包含了灭绝动物的精美插图，当读者使用配套的 APP 扫描这些插图后，会出现动物的立体模型、动画和语音讲解。读者既可以了解灭绝生物的外形特征，也可以熟悉它们的栖息环境，在学习结束后还能通过拍照功能与已灭绝的 3D 立体灭绝动物合影留念。

（一）产学研一体化生产创作

创作团队秉持着一切以读者需要为首的价值主张，在前期通过对读者进

① 亓北林．AR 图书如何助力全民阅读［J］．兰台世界，2019（3）：109-112.

行调研和需求分析后，决定进行个性化内容生产，结合新媒体技术营造沉浸式阅读体验。该套科普绘本的完整产品周期包括了设计、开发、测试、发布、运营、维护、升级等几个阶段。整个产品周期复杂，仅制作过程就需要策划团队、设计团队、编程团队、拍摄团队、后期制作团队、测试团队等合作完成。产品投入市场后还涉及推广营销、用户数据分析和产品的迭代更新等工作。

各个主体以“协作共同体”的形式参与生产过程，实现了产学研一体化的有效运作。项目团队根据总体任务目标将功能体系划分为绘本组、技术组、平台组、创意与营销组，分别由来自电子工业出版社、中国科学技术大学先进技术研究院新媒体研究院和中国科大终身学习实验室的团队负责，大家根据各自的优势对出版、技术创新、内容策划进行相应的创作。在协作过程中，首先由绘本组提交编辑成稿的电子文档，跟创意与营销组商讨简约高效的合作方式；再由创意与营销组设计绘本的 AR 制作方案及众筹方案，随后与技术组、平台组进行对接；技术组根据技术的特性，在对设计方案加以改进后，实现绘本的动画模型制作、动画动作渲染、APP 制作等；创意与营销组在完成 AR 制作方案及众筹方案的策划之后，借助自有渠道对众筹项目进行推广，绘本组和平台组负责跟进项目整体的推进及售后工作，各组之间以无间合作的方式提供资源、共享服务。

（二）AR 技术延伸图书传递边界

纸质图书往往只能在文字和图画上进行一些创新，而 AR 技术的出现弥补了这一缺陷，延伸了图书可以传达信息的边界。在 AR 科普图书的设计中，要注重视觉、听觉、触觉等多感官的表达，在内容表达、艺术制作、三维动画、声效节奏和互动体验等方面实现图书和视觉、听觉、触觉等感官有机结合，为读者带来沉浸式阅读体验[①]。

《消失的世界》为儿童受众打造了生动有趣的阅读场景，读者先进行二维码的扫描，在智能电子设备（手机、平板电脑）上下载 AR APP，然后打开摄

---

① 周荣庭，胡贤凤. AR 科普图书的整合营销传播策略探析——以《未来机械世界》为例［J］. 科普研究，2019，14（2）：11-17，104.

像头对准被融入了 AR 元素的图形进行识别，进入此图书搭建的场景中。在这个场景里，小读者可以与书中的动物进行各种形式的互动，以此在阅读中得到丰富的感官体验，感受沉浸式阅读带来的快乐。每一图形都对应着预先设计好的场景，图形就是打开这一场景的钥匙，只需要在 AR APP 进行识别即可进入。虽然现今的 AR 图书还存在许多问题，例如，仿真效果还有很大提升空间、应用成本较高、通用平台缺乏等，但是不得不承认，AR 技术运用于图书出版领域是顺应时代发展要求的。这一方面能满足出版机构的经济利益，另一方面也满足了读者新的阅读需求①。

（三）受众需求引领产品导向

《消失的世界》在策划前期为更好地了解受众需求，进行相关产品的创作生产，对用户进行了调研和需求分析。这一分析结果不仅促成了协同式的内容生产过程，也促成了不同媒体产品的开发。因为消费者的需求日益多元化，《消失的世界》在推出 AR 图书以外还配套设计了绘本、卡牌、贴纸和桌游等多种产品。消费者可以根据自己的意愿选择不同的配套产品。这些产品不仅满足了不同用户群体的需求，也提升了品牌的核心竞争力。

除了产品开发，在产品宣传上，《消失的世界》也同样紧跟受众需求。新媒体研究院通过“科学荟”的微信公众号平台发布图书的有关信息，推送图书宣传的推文，尽可能生动有趣，符合微信平台的传播规律，得到大量读者的点赞和二次转发。同时，每天抽取幸运读者赠送图书，让读者免费体验 AR 图书并将体验结果反馈给微信公众号后台，以供团队改进，为后续的发展创新提供清晰的指向。此外，团队还注重社群推广，不仅与知名育儿博主合作以吸引目标客户群，还通过实体书店的微信读书群进行图书营销，有效提高了图书的热度。

三、总结

科普图书长期受限于其表现形式的单一，而新兴技术的发展打破了这一

① 陈蓓．“出版 +AR”：智媒时代儿童图书出版的优化策略［J］．出版广角，2019（2）：62-64.

障碍，为科普图书的再次革新提供了机遇。科普图书应抓住此次机遇，努力尝试不同领域的跨界合作，转变以往的传者中心观念，发挥原有的品牌与专业优势，延伸价值内容，扩大科普图书的影响力，真正发挥科普图书在科学传播领域的重要作用。

第五节　科普广播的新媒体转向

传统的广播是指以“听觉传播为特征的声音广播”，以发射、接收设备和电波（无线或有线）为传播信息的物质载体。全国县级及以上广播电台（或广播电视台）有2207个，拥有超过2800个广播频率①。传统的广播类科普节目，如《养生大讲堂》《全球科技》《农博士在线》等，通过采集、编辑、加工、制作的方式将内容传递给受众。但由于其存在传播方式单一、内容同质化严重、时效性不足、与受众之间的互动较少、受众难以参与广播节目等问题，无法满足用户多样化的收听需求，发展具有一定的局限性。

在“互联网+”时代，伴随着云存储、云计算、传感器和大数据技术的出现，广播开始向新媒体转型。根据赛立信调查数据显示，2017年我国民众广播接触率为59.2%，现实听众规模约达6.85亿人②。现实生活中受众对于广播的需求呈现多样化的趋势，其中，对科普内容的需求也越来越明确。在广播的转型之路中技术、内容和渠道等方面的创新为其开辟了新的发展道路。

一、广播的新媒体转型之道

（一）技术创新：信息交互再造生产模式

随着数字与移动互联网技术的迅猛发展，广播电台的形式如今已经突破了原有的局限，借助技术向观众呈现多元化的广播节目，这也是广播节目逐步新

① 童云，周荣庭．数字出版营销模式演变的人文进路［J］．出版广角，2019（5）：29-32.
② 童云，周荣庭．改革开放40年技术革新下的有声出版图景［J］．出版广角，2018（17）：20-23.

媒体化的一个显著体现。

数字化、广播流以及相关基础性技术，早已在多年的实践中发展成熟。如今的技术探索，则更深度地与生产模式再造结合在一起，云计算、大数据、传感器、人工智能等新兴技术与广播深度融合，出现广播云服务、广播网络、新终端等新的声音媒体形态。其中，广播云服务是基于云计算的媒体运营和用户服务系统，针对内容加工、整合、运营和服务的综合需求，实现信息资源聚合、数据分析整理、采编流程管理、融媒内容生产、多渠道智能发布，以及用户数据管理为一体的融媒管理平台，如云南广播电视台的媒体融合云服务平台。

广播云服务系统通过采集用户数据，分析用户行为，促进用户有效互动，提升参与度，增强用户黏性，为用户提供动态、按需、易扩展的音视频资源，支持多层次、跨地域广播。云服务商业模式包括“存储即服务、生产即服务、分发即服务、运营即服务、内容应用即服务”。广播云服务成为“智慧广电”建设的有机组成部分，并最终成为“智慧城市”的子系统。如科大讯飞与国家广播电视总局广播科学研究院、安徽新闻出版广电局等单位共建“广播电视与语音技术融合创新实验室”，开发下一代广播电视智能机顶盒和遥控器的语音标准，智能题字版系统，打造 AI（Artificial Intelligence）+ 智慧广电生态圈[①]。在新技术推动下，即时语音通话、智能语音实时文本转换、语音在线直播等，将成为声音交互性传播的创新趋势。

广播网络是社会协作生产、分享和上传广播的交互平台，互联网将各地域电台联结起来，形成一个超级广播平台，实现信息互联互通，资源共享。如喜马拉雅 FM 作为一款广播节目聚合平台，通过脱口秀、资讯、评论、公开课、演讲、课堂、纪录片、访谈、有声书朗读、TED 等节目形式，向平台用户展现了互联网、科技、科学探秘、极客、区块链、科幻评测、5G、创业、数码、程序员、产品、移动互联网、大数据、新媒体、人工智能、智能硬件、天文、数学、物理、通信、电竞、IT 大事件、科普课堂、科幻有声书、专业技能等全方位的科普内容。

新终端是指广播嵌入各种智能应用终端，如智能手表、眼镜、家居用品、

① 童云，周荣庭. 有声读物传播形态与模式研究［J］. 出版发行研究，2018（7）：5-7，18.

随身携带用具等；广播按需点播可根据用户的需要，自动检索，通过高速传输网络将内容传送到终端，从根本上改变用户过去被动式听广播的不足，数据算法按照用户需求推荐内容。例如：随着车载智能设备和蓝牙技术的发展，移动广播 APP 发展汽车用户市场成为可能。技术的发展简化了节目搜索的过程，同时也便利了车载用户使用移动广播 APP。目前已有全球最大的流媒体音乐服务之一的 Spotify，亚马逊云播放器，喜马拉雅 FM 等平台进驻该领域。

在技术引领下，广播内容生产和传播是一个开放的、动态的体系，每个生产环节互相连接，互相交互，形成复杂的网状结构，声音可以通过多媒体、多渠道，以多元化形态传播，构造了一个全新的生产模式。

（二）内容创新：用户生产实现内容价值

相较于传统的广播，在新媒体影响下广播在业务形态、业务工作流程、业务提供方式等许多方面都发生了深刻变革。传统媒体的内容生产基本沿袭“采、编、播”单一直线式流程。在互联网时代，广播媒体的生产过程逐渐过渡到垂直结构，原来的“受众”已经不仅仅是信息的接收者、媒体的采用者和内容的消费者，也不是单纯的“用户”，摇身一变成为了“产用者”或“生产消费者”。这些用户所创制的内容被称为 UGC（“用户自创内容”），可与 PGC（“专业生产内容”）相提并论。

首先，用户生产存在于广播生产的各个环节，使节目作品通过互动不断修正、革新，改变了传统媒体传播范围广，但节目不易存储、重复收听难、选择性弱等问题。其次，广播通过新的平台方案，介入受众与用户的细分，创造兴趣群体，甚至创造兴趣社群。最后，广播可将有潜力听众升级为用户，再将用户整合为粉丝。经过广播媒体融合后的生产团队，由单一化的固定群体发展为多样化的流动群体，节目生产数量、种类、收听人群都成几何级数增长。这些用户投入情感来支持新的广播媒体，也积极主动地介入内容生产，粉丝的劳动成为庞大的价值来源和财富源泉。

目前，用户生产的模式给广播创造了新的内容价值。广播电台、网络电台、手机客户端、微信公众号、个人播客、配音均可制作上传音频内容，在网络中发布、下载和分享。在新媒体化时代，科普广播出现了全新的变化，在科普类的广播节目中摈弃了讲深讲难的科学普及方式，更加倾向于较浅的趣味性讲解，把重点放在向听众提供更多的生活化科学信息上，使听众信息接收量得到提高。同时，科普广播剧、科普动画、科普小品、相声、配乐故事等形式也使得科普广播节目的语言富有艺术性、趣味性和多元性。此外，利用科普广播热线直播的优势，借助名人效应，邀请著名的科学家、社会学家、影视明星等名人参与科普节目，听众可以与名人进行热线交流，形成了更大的集聚效应。

（三）渠道创新：社交网络重构广播形态

互联网改变了人与人的关系网络，社群使广播传播渠道发生改变。社交关系成为信息消费的入口，关系产品是传媒市场的支柱产品。人们基于兴趣、职业或情感关系，结成社群、圈层，产生独特的内容需求、传播方式以及独特的社群文化。社群传播增强了广播的针对性和定制化，针对社群建立的读书爱好者的分享论坛、社群、俱乐部等构建多元化社交网络，是广播渠道创新的策略。新媒体的发展也要求广播媒体进一步细分广播听众或粉丝，如英国健康广播的经营服务中“定制广播”部分，由听众订阅相关主题，电台组合并生产出对应的内容并加以推送。这样的定制收听清单不仅满足了来自世界各地的听众的收听需要，而且随时随地获取他们的意见反馈，同时增加了新的广告植入，吸引更多广告商定向投放。

近年来，广播媒体逐步建立了新媒体传播矩阵，智能手机成为主要的收听终端，多元化、跨平台、多形态传播成为常态。个体作为社交网络的节点，是传播过程中的一环。人们会在收听过程中对新媒体平台上的信息积极点赞、转发或者评论，并直接参与音视频直播。广播创新也是调动人们参与积极性、鼓励听众通过不同渠道分享与互动的过程。例如,《科学脱口秀》采用广播、视频、图文稿件等形式，将节目前期采录的广播等内容通过微信、微博、podcasts 和 itunes 等多渠道分发，用户可以通过这些渠道进行及时反馈，从传统意义上重构了广播只“播”不“听”的单向互动的模式。

二、国内科普广播形式的创新：科学脱口秀

脱口秀节目是现代广播节目创新的典范，在广播事业的未来发展中占有

重要地位。科学脱口秀是一档播客节目，为科学知识提供了新颖的传播方式。此节目以“科学脱口秀，节操满地聊科学。”为口号，自称非正式、非官方、非机构、靠谱科学小队出品。科学脱口秀于 2012 年 6 月 12 日首次播音，在 podcast 平台从默默无闻的播客节目到百万收听量级的广播节目，成功解决了科学节目不受欢迎的难题[①]。

（一）高质量科普内容创作模式

科学脱口秀在内容的选择上采用了 PGC 形式，运营人员包括科学家、媒体人和科学爱好者等，节目依托专业人员的创意与建议，提供更加多元的个性化作品，同时利用专业把关机制强化内容审核，淘汰质量较差的内容，真正将其提升至精品节目等级，以此增强节目的创新性与品质感，更好地贴合受众喜好，打造行业爆款节目。目前，科学脱口秀的内容包括植物、动物、天文、心理、物理、化学等领域，小到菜市场，大到宇宙末日，各路知识全面覆盖。代表节目有“千年牛肉汤和万年野菜汤”“讲讲流行病学的又一些故事”和“不要偷尝苦果”等。

该节目最开始仅在苹果的 iTunes 上发布，随着用户的增加，在安卓、PC 和 Mac 端也可以收听了。同时科学脱口秀也在各大移动广播平台陆续上架，如喜马拉雅 FM、荔枝 FM 等平台。科学脱口秀栏目在喜马拉雅 FM 拥有 389 条广播节目，总收听量达到 62.4 万人次，粉丝量达到 1.7 万人；在荔枝 FM 平台上拥有 377 条广播节目，总收听量达 634.6 万人次，粉丝量为 6.7 万人。在移动广播平台中，科学脱口秀作为加 V 的认证用户能够实时看到自己节目的播放总量、增量、完播率、收听时段、听众性别、地域分布以及节目排名等数据，运营人员通过数据可以对内容进行修改完善，以便更符合听众的习惯和爱好。

总之，随着科技的不断发展、社会的不断进步，从文字到图像，再从视频到广播，媒体的形态也在不断地丰富。科学脱口秀抓住内容为王的理念，打造独具特色的科普内容，受到了用户的认可。

---

① 科学脱口秀官网［EB/OL］.［2019-05-10］. http://www.kexuetuokouxiu.com/aboutus.

（二）多渠道运营机制

当前媒体融合已成为新媒体时代的主流发展趋势，传统广播节目要想突破发展瓶颈，须从运营形式、传播载体等方面进行突破创新，可借鉴以科学脱口秀为代表的广播节目的运营机制。

为了实现运营平台与传播载体的拓宽，科学脱口秀采用了线上线下相结合运营机制，即邀请粉丝参与节目制作或开展线下活动进行品牌的传播。在线上，科学脱口秀开拓了户外版，通过与粉丝互动邀请粉丝参加广播活动。在线下，科学脱口秀组织了灵山踩点、北京动物园踩点和北京植物园科学行等活动，特别需要提及的是，科学脱口秀和果壳阅读共同举办了一个《周末不要宅，到动物园做科考才是正经事！》的线下活动，节目由活动踩点过程实录剪辑而成，受众可以在线上线下同时参与，收到了良好的科普效果。

社交化是广播发展的必然趋势，定制广播不只有单纯的广播服务，在“LBS（位置定位）+Anything（任何服务）”概念盛行的当下，利用移动互联网实现移动终端的定位已经越来越简单，可围绕地点展现本地生活信息，增强线下粉丝间的互动[①]。科学脱口秀的本地化发展，借鉴电台优势内容，深度整合用户的日常生活和位置服务，可实现精准个性化科普服务。

三、美国科普广播节目的再发展：Radiolab

Radiolab 是由美国国家公共广播电台的纽约分支机构 WNYC 下的一个科普栏目。Radiolab 约每两周发布一次新的播客。该节目主要涉科学议题。Radiolab 每月下载超过 400 万次，并经 500 多个广播电台播出。Radiolab 获得了学术和广播组织的广泛赞誉，得到了阿尔弗雷德·斯隆基金会、国家学院传播奖、皮博迪奖和麦克阿瑟“天才”奖的支持[②]。在科普节目中，Radiolab 一方面结合了传统广播模式，由专业的团队生产内容；另一方面与新媒体融合，通过互联网

① 郭凌云．我国网络广播 APP 的发展现状与传播策略研究——以喜马拉雅 FM 为例［J］．新媒体研究，2018，4（3）：31-32．

② Radio Lab．［EB/OL］．［2019-05-19］．https://tunein.com/podcasts/Science-Podcasts/RadioLab-p68032．

进行传播，内容涉及医学、生物和健康等多方面科普内容。

（一）专业团队生产内容

贾德·阿姆拉德（Jad Abumrad）和罗伯特·克鲁维奇（Robert Krulwich）为Radiolab的制作人。阿姆拉德拥有丰富的广播制作经验，他曾报道和制作各种地方和国家公共广播节目的纪录片，被评为2011年麦克阿瑟研究员。他鼓励新一代听众带来无限的好奇心，并尝试用声音来寻找更有效，更有趣的方式来解释想法并讲故事。克鲁维奇是美国国家广播电视的科学记者，曾在美国广播公司、哥伦比亚广播公司任职。TV Guide（电视指南）称他为“电视中最具创造力的网络记者”，*New York Magazine*（《纽约杂志》）写道，他是“简化而不简单的人”。

在阿姆拉德和克鲁维奇的带领下，Radiolab团队将传统的调查报道与创新的叙事方法相结合，并因其精湛的广播制作技术而在种类繁多的科学节目中脱颖而出。同时，剧集不断推动广播的发展，并引入实验和创新技术，使故事更具吸引力。代表广播作品有Big Flip、Dinopocalypse Redux和For Whom the Cowbell Tolls等。

（二）多种营销模式

Radiolab由Science Sandbox（科学沙盒）和Simons Foundation（西蒙斯基金会）提供部分资金支持，致力于让每个人都参与科学过程的计划，加强公众对现代世界科学和技术的理解。但是传统的广告盈利模式对于广播节目来说显得单一乏力，已无法契合整个广播产业链的融合发展。因此，在这种情况下，粉丝经济盈利模式成为Radiolab着重发力的营销模式。

Radiolab发展的营销方式是：由制作人先提供高品质的内容，然后就会形成特定的粉丝社群，接下来让粉丝群一步步壮大。目前，Radiolab在Facebook社交平台上的粉丝超过十万。当粉丝成为会员后，可以向制作团队提供内容创意，同时广播节目开始提供付费产品，当粉丝的忠诚度达到一定程度，自然愿意为广播节目付费。此种模式不仅可以帮助Radiolab在内容上实现创新，同时能够支撑该广播节目可持续运营下去。

四、医疗养生类广播的新发展：英国健康广播

英国健康广播（简称 UKHR）是一家独立运营的互联网电台，主要以健康节目内容为主，以互联网收听的形式覆盖全球。这家电台所涉及的健康话题非常广泛，包括癌症的预防和治疗、健身运动、顺势疗法、睡眠以及帮助青少年度过青春期等。从话题范畴来看，这家互联网电台紧跟时代风潮，对不同年龄层面的听众都有所涉及。

（一）聚焦健康养生科普

UKHR 黄金档的节目主要以人们关注的健康话题为主，像癌症、保护牙齿和青少年成长等；晚高峰时段的《金博士的治疗革命展》是专门针对白领一族介绍前沿健康治疗知识的一档节目；20 点以后的时段节目则更偏重于中老年听众，主要是介绍日常生活中的保健知识。

在节目内容制作方面，UKHR 邀请多位医学领域的博士主持节目，对于连线的嘉宾职称身份经过了严格审核，提升了健康节目的权威性和科学性。

UKHR 目前拥有 28 个健康节目，7×24 小时的全天候播出。这使得该电台在英国每月有超过 34 万名独立听众。其中，90% 的听众年龄在 25~64 岁，听众男女比例为 1∶2[①]。

（二）拓展线上线下服务活动

UKHR 发行免费的数字健康杂志 *Health Triangle*（《健康三角》），每月阅读者达 10 万人。这家电台的商业经营主要聚焦于线下活动，比如参加巴黎的医疗冷库制造商展会、参与在萨里岛建设的服务中心等。这些线下活动可获得赞助，还能有效扩大媒体影响力。UKHR 特别注重参加高校和科研机构举办的非营利性活动，如 2015 年举行的“医疗危机智库论坛”等，这样可以增加健康媒体的影响力。

在 UKHR 的经营服务中，有一个“定制广播”部分，由听众订阅相关主

① 尹航．英国医疗养生类广播节目的经验借鉴［J］．视听界，2018（1）：99-102.

题，电台组合并生产出对应的内容并加以推送。这样的定制清单不仅满足了来自世界各地的听众需要，并可随时随地获取听众意见反馈，也增加了新的广告植入，吸引更多广告商定向投放。

第六节　科普电视的新媒体转向

根据中国科协第十次全国公民科学素质调查结果显示，在科技信息来源方面，电视和互联网是公众日常获取科技信息的主要渠道，分别占 68.5% 和 64.6%。可见，电视是公众获取科技信息的重要渠道，而科普电视节目作为传播科学知识、内容以及对观众进行科学教育和文化教育的一种节目类型，具有不可忽视的传播教育功能，在提升公民科学素质方面具有重要作用。

随着信息化步伐的加快，越来越多信息技术被广泛运用到电视领域，电视正处在积极的转型阶段，可借助新媒体手段丰富传播内容和形式。科普电视在科普方面具有天然的优势，其有声有色、生动逼真的形象可使科学中抽象的概念直观化、通俗化。然而在电视媒体生态中，科普电视节目依然处于较为弱势的地位，正如中国传媒大学的胡智锋所说："在所有电视节目当中，社会教育类节目最难做好，而社教类节目中，科学类节目又是最难的，只要沾科学，基本上不要指望有收视率"①。

科普电视节目作为科学传播重要阵地，其作用不可忽视，虽然当前面临较多的发展困境和传播局限，但只要对其合理定位并采用相匹配的创新模式，科普电视依然可以获得较好的传播效果。本节充分结合信息化发展趋势和特点，研究和剖析国内外的优秀科普电视频道和节目，并从内容生产、技术制作、传播方式、受众定位等角度进行研究和归纳总结，以期为我国科普电视的良性发展提供参考。

① 李莉．媒介融合背景下电视媒体科普节目的创新对策［J］．科技传播，2017，9（24）：184–185，187.

一、科普电视的新媒体转型之道

科普电视节目首先要让科技工作者认同，节目内容要符合科学性，其次还要激发观众对于科学好奇的心理，以丰富多彩的形式呈现出来。而电视节目兼具科学性和娱乐性十分困难，因为科学原理本身就较为枯燥，一味迎合受众需求将会造成节目“流于形式”，只停留在“惊奇效果”的观感上，节目难以长久发展，但如果过于严肃，循规蹈矩地讲解科学原理，又会因其“说教化”难以吸引观众。

在新媒体环境中，科普电视必须以新媒体手段武装自我，借用数字化资源实现融合发展，实现科普电视的数字化转型，寻求科普性与趣味性的平衡，才能在观众心中占据独特地位。

（一）传播方式的创新——由单向知识传输转向多向传播

传统的科普电视注重科教作用，说理性强，多为单向性的知识传输，观众容易感觉枯燥，从而产生抵触心理，影响了科普电视的传播效果。在当今新媒体环境下，科普电视应结合受众不断增长的需求，采取一系列新媒体手段增强互动性。网络传播媒体延伸了传播的触角，改变了传播由内容制作者到内容接受者的线性单向的特性，形成了多向互动传播方式。场外观众、内容制作者、现场观众之间的传播可以形成一对一、一对多或者多对多的互动关系，呈现出无中心的网状传播结构，具有开放性、主动性和交互性。例如，科普电视节目可以采取线上线下相结合的方式，将科普电视节目的参与者从科学工作者扩展到知名嘉宾、科学爱好者、现场观众、场外观众等，尤其是场外受众可以通过互联网参与节目，增强体验感与趣味性，观众能够在其中获得更佳的科学体验，真正实现科普电视的传播作用。

（二）内容生产的创新：由单一内容生产转向受众参与生产过程

在内容制作上，以往的科普电视往往由节目制作团队进行讨论确定，受众只能在节目播出时接受节目既定的内容，容易出现节目内容与大众期待不符的状况，再加上电视科普内容较为专业，也容易出现选题内容脱离大众日常生活范围的情形。在电视与新媒体融合的趋势下，电视科普更应注重受众参与，例如，每期节目制作前可以提前在微博、微信公众号上进行内容需求的征集或者进行大数据分析，让受众参与内容生产，进行选题的提供、节目形式的建议等，再经过专业的制作团队进行筛选与升级，保证节目贴近大众的同时保证品质。

印度当红节目“真相战胜一切”（Satyamev Jayate）（图 4-5）也是受众参与生产过程的典型。这本是一档新闻访谈节目，但里面涉及较多的科学内容，因此也可以视为电视科普节目。“真相战胜一切”是刻在印度国徽上的格言。该栏目编导通过社交网站收集、分析了数以百万计的热点议题及其讨论帖子，并进行大数据挖掘，然后以数据分析结果为基础进行节目策划、设计和播出，还积极使用这些数据推动政治变革。节目播出第一季就吸引了 4 亿名本土观众。观众积极参与节目互动，表达对重要议题的观点。通过视频网站、Facebook、Twitter、YouTube 和移动终端收看该节目的全球受众超过了 12 亿人，成为 2013 年全球最引人注目的电视节目之一[①]。

图 4-5　“真相战胜一切”

① 印度节目“真理战胜一切”[EB/OL]. [2019-05-19]. http://www.sa-tyamevjayate.in/about.

（三）制作技术的创新：由传统多媒体技术转向信息技术手段

随着科学技术的发展，信息技术在电视领域的运用也给科普电视栏目带来了新的发展契机，现代化的电视制作技术融合了最新的信息技术手段，升级了原有的多媒体技术，在视频、音频、通信体验上都有很大提升。通过新的电视技术，电视节目可以更加逼真、全面地展示相关的科学原理，与艺术手法相结合，运用到演播室设计、场景打造、舞台道具中，智能化舞台机械、先进控制技术，全方位环绕 LED 屏、数字化灯光设备、多角度运动拍摄等都带给了观众全新的体验，实现所谓的“媒体即人的延伸”，为导演和节目录制提供较好的舞台创作和表现空间，具有很好的视觉效果。

例如，电影《战狼 2》中有一幕吴京用弹簧床抵挡火箭筒的镜头，“加油！向未来”的一期节目想要证实现实中是否存在这样的现象，于是采用了不同的材料对火箭筒进行抵挡，从而对比不同材料的抵挡效果，现场观众在立体声环绕下立刻就感受到了现代军工科技知识的魅力与火热，给观众留下印象。

“第 N 个空间”（图 4–6）是央视科教频道在 2013 年国庆期间黄金档重点推出的一档以“视觉错觉”为主的科普节目，栏目说的是视错觉内容，而电视本身就是视错觉中“视觉暂留”原理的应用，整个演播室就是主要表现空间，演播室的设计处处体现视错觉因素。整个演播室是用 6 面投影搭成，投影里的三维动画素材事先根据内容设计好，主持人在投影画面中，如同亲临现场，这是因为投影的比例、定位和设计采用的最新的“增强现实技术”，比虚拟演播室更加真实。

图 4–6 “第 N 个空间”

（四）受众定位层面的创新：由全面覆盖转向精准分众

数字技术的到来实现了渠道选择的多元化、信息的海量化和服务的便捷化，但也给电视媒体开展科学传播带来了新的挑战。科普电视需要根据市场需求和观众的爱好，进行针对不同受众群的节目生产，受众细分已经成为传媒产业发展的必然选择。从媒体运营的角度上讲，受众市场细分化，进行精准定位，既能够满足目标受众的“观赏需求”，也有利于商家精准化投放广告，为科普电视的可持续发展提供驱动力，更大程度地满足科学传播需求。

美国 Discovery 频道曾尝试专门针对喜好某一话题的观众进行节目生产，并产生了良好的传播效果。比如，结合当时热播好莱坞电影 007 系列所做的选题，包括“坐飞机上厕所，坐在马桶上冲水屁股会被吸住？”“电磁铁装进手表里，能让射过来的子弹偏离方向？”“在保险箱中冲入水将其灌满再用炸弹引爆，钱能够毫发无损？”“把一张邮票贴在直升机旋翼上会让直升机失去平衡而坠毁？”等。因为这些都曾在 007 电影中出现，所以能够激发起目标受众的极大兴趣。

二、美国 Discovery 探索频道：全民互动参与式科学频道

探索频道（Discovery Channel）是由探索传播于 1985 年在美国创立的，主要播放流行科学、科技、历史、考古及自然纪录片，致力于打造全球最高品质的纪实节目，力求成为电视荧屏上最富活力的电视网之一，是世界上发行最广的电视品牌。目前，全球 160 多个国家和地区的 30.6 亿家庭用户，以 35 种不同语言播出节目①。

魏敏扬的《Discovery 的成功之道》中写道：“作为全球最大的纪实娱乐节目制作及供应商，探索频道云集了世界最优秀的纪实片制作人，所播出的纪实娱乐节目，以引起观众的好奇心和学习兴趣为主题，透过巧妙的叙事方式、精彩的镜头、优雅的旁白及精致的配乐等元素，提起观众的好奇心和学习兴趣，达到教育及娱乐并重的目的，其节目内容丰富，画面优美，以卓越的拍摄技术

① 百度百科［EB/OL］.［2019-05-19］. https://baike.baidu.com/item/Discovery/1146721? fr=aladdin.

带领观众探寻全球每一个角落，纵然足不出户，亦可透过电视机放眼世界，增广见闻。有业内人士评价内容带来了教育新思维，完全没有说教的枯燥，使受众在求知中探奇冒险，激发出人性中的求知本能。”①

（一）受众定位：精准分众，扩大规模

探索频道在设立开始就有非常明确的受众指向，把自己的目标受众定位在25~45岁的高收入群体，主要偏向男性，而在后期修改拓展到54岁。这一目标受众的选择符合探索频道的发展之路，因为这一群体正处于人的一生中知识储备最高的时间段，对科学纪录片的接受度最高。与此同时，青中年受众群体又处于职场工作期间，拥有较强的消费能力和付费意愿。

探索频道采用的盈利模式是付费收入与广告收入并行：一方面观众需要付费进行点播优质节目，另一方面又接受广告商的广告投放将观众“二次售卖”。探索频道之所以可以凭借科学纪录片这一唯一的节目形式打入媒体市场，很大程度上都归功于其目标受众的正确选择。探索频道不仅正确评估了受众的购买能力和兴趣所在，更是提供了巨大的电视广告市场，从而支持了频道的可持续发展。值得一提的是，探索频道已经从最初的专业性频道发展为综合频道，而实际客户数量达到数亿，实现了“以分众促成大众”发展态势。

（二）传播方式：线上直播，线下联动

探索频道坚持“受众本位”的理念，一直都十分注重观众的反馈。在节目的生产制作流程中，也最大限度地让观众参与其中，颠覆以往的节目制作者全程策划节目，按照节目规定流程在演播厅完成的模式。利用互联网技术，节目的录制地点由演播厅扩展到室外更多场景，受众通过互联网技术可获得更多的参与感。

“Shark Week”（鲨鱼周）是美国探索频道一档知名节目（图4-7），旨在提高公众保护动物的意识。该节目采用线上线下相结合的方式实现全民参与科学最大化该档节目。线上使用Twitter进行了10小时直播。线下还联手美国国家

① 魏敏扬. DISCOVERY的成功之道［J］. 当代传播，2004（3）：88-89.

水族馆，利用谷歌视频聊天工具 Google+ Hangout 开展科普讲解活动。在移动端，探索频道发布了 iPad 应用“Shark Week Plus”，为观众提供音频讲解、节目幕后信息、鲨鱼知识测验、海底照片等。同时，该应用也包含社交功能。观众可以就节目内容展开交流。在其他渠道互动上，“Shark Week”还使用包括 Follow Discovery、Facebook、YouTube、Pinterest 在内的平台进行传播。

图 4-7　“鲨鱼周”

（三）内容生产：紧随热点，定制生产

“定制化”的概念最早由美国营销学派丹·派帕斯（Don Peppers）和玛莎·罗格斯（Martha Rogers）在基于市场细分基础上提出的，并在《哈佛商业评论》上发表论文《一对一的未来》（*The One-To-One Future*），认为“未来企业的胜利，应根据每个具体的顾客的特定需求来调整企业的生产服务活动”。① 探索频道积极搜寻时事热点，针对现阶段社会上最热门的话题展开内容创作。

Discovery 频道著名的科学栏目“流言终结者”（Myth Busters）（图 4-8），被誉为全球“最佳电视科普节目”。它的定位就是针对各种广为流传的谣言和都市传奇进行实验。每集会有一个专题，针对相关的流言。自 2003 年以来播出的 226 集里，共计验证了超过 800 条的流言，尽管也有一些还不能肯定。比

① PEPERS D，ROGERS M，DOFF B. Is your company ready for one-to-one marketing? [J]. Harvard Business Review，1999，77（1）：151-160.

如“从高楼掉下的硬币会砸死地面上的人”“单凭人类的声音能震碎玻璃”“对植物说话 / 放音乐，植物真的会长得比较好”“电梯缆线断裂时及时的一跳能保性命”等。

图 4–8 “流言终结者”

三、《最强大脑》：信息化科学娱乐结合

近年来，“娱乐至死”、流行至上的电视生态大大侵占了科学节目的生存空间，很多的节目呈现出窄播化，播出效果并不理想。在信息化和网络化时代，我们更应该借助电视媒体打破过去将科学节目奉若神明的禁锢，找出科学和娱乐之间的平衡点，让科学和娱乐“联姻”，给科学节目增加一点“调味剂”。

2014 年初，江苏卫视推出的科学类电视综艺节目“最强大脑”（图 4–9）就是信息化条件下科学和综艺娱乐节目结合的典型。该栏目源自德国著名的科学节目“Super Brain”，定位是国内首档科学类真人秀电视科普节目。该节目一经推出就在国内产生了积极影响，在同时段卫视频道收视率遥遥领先，引起关于脑力科学知识讨论，实现了“让科学流行起来”的目的。

（一）传播渠道：社区合作，台网联动

果壳社区以让“科技有意思”为目标，是一个开放、多元的泛科技兴趣社区，致力于让科技兴趣成为人们文化生活和娱乐生活的重要组成部分，具有较强的科学分享性和大批固定粉丝用户。在节目制作上，“最强大脑”选择与果壳

网（www.guokr.com）这一网络社区展开合作，能够实现更好的即时互动交流和前期品牌包装。而在新媒体推广上，又采用“台网联动”策略，在江苏网络电视台（www.jstv.com）设立专门的网络频道进行推广。频道版块包括报名入口、最强大脑 APP 游戏、精彩视频、选手知多少、智力小游戏、评审阵容、相关报道延伸和合作伙伴等，进行全媒体、多方位受众参与和推广设计。与此同时，也将自身的宣传延伸到其他频道、媒体、线下公交、电梯等，进行系列 O2O 模式（即 Online To Offline，线上到线下）全覆盖推广。

图 4-9　“最强大脑”

（二）传播方式：名人效应，舆论领袖

“最强大脑”在节目品牌包装上，利用“名人效应”，邀请明星担任主持和观察团成员，这些明星每个人都拥有着大批的粉丝，好似一个个“移动的信息媒体”，他们通过个人微博、社交网站、论坛、BBS、贴吧等进行节目宣传，使“最强大脑”无论是线上的推广，还是线下的互动，都具有得天独厚的观众优势。

（三）内容生产：“爆点选题”，互动讨论

“最强大脑”在选题设计上，通过网络和社交应用平台关注“爆点”选题和最近热点话题，主动引导观众进行讨论互动。以第三期节目为例，有语言障碍、曾被诊断为“中度脑残”的周玮挑战高难度心算，最终以满分晋级，被称为“中国雨人”，引起媒体广泛讨论。栏目组则借助“雨人风波”，带着周玮在

中国教育科学研究院进行脑电波测试，结果发现“其计算区域与众不同”，据某网站统计，当日关于脑力科学计算知识的讨论帖达到近 2 万条。网友随后自发建立百度贴吧“周玮吧”等，以“支持周玮，不仅仅因为他是一个天才！”为口号发帖达到 1.9 万多条，节目收到非常好的传播效果。

第五章
科普新媒体的创新发展

自2016年将“互联网+科普”行动纳入《中华人民共和国国民经济和社会发展第十三个五年规划纲要》以来，以信息化推进科普理念及服务模式形成了目前社会性的科普工作格局，形式多样的科普新媒体如雨后春笋般涌现出来。按照科普新媒体的渠道划分，目前主要有科普网站与科普APP等；按照内容形式划分，主要有科普微视频、科普电影及科普游戏等。同时，科技馆作为科普领域的基础设施，其新媒体的应用也同样值得关注。前沿技术的科普应用与实践为我们指明了未来科普新媒体的发展方向。

第一节 科普网站的创新发展

一、新媒体环境下科普网站的发展

《中国科普市场现状及网民科普使用行为研究报告》中将科普网站定义为以科学信息为主要内容，以传播科学知识和科学方法，弘扬科学思想和科学精神为宗旨而建立的网站。这些流行的科普网站，既包括一些综合科学网站，还包括一些专业科学网站[①]。科普网站是科学普及和科技发展的产物，是科学普及的重要方式，是网络科普的重要载体，是科学共同体和大众沟通的精神纽带。

---

① 罗洋. 科普网站用户满意度调查与研究［D］. 武汉：华中科技大学，2017.

（一）运营理念：受众需求为导向，兼顾科学性和趣味性

传统科普网站的内容写作大多以文字为主。新媒体时代下的科普网站的发展打破了单一的表现形式，对科普内容首先会采用多媒体表现手段。通过图片、视频、音频等多种方式丰富文字表现，使得公众对科学产生亲切感，满足受众多样化的体验方式，提高传播效率。

为了满足受众多样性的需求，科普网站在发挥科学普及的主要功能时，兼顾趣味性，设计更多主题内容进行传播。如科学网、中国数字科技馆、科学松鼠会、中国科普博览等均有系列推出的内容主题。其中，果壳网涉及人文和历史知识；科学网建立了医学科学、生命科学、化学科学等八大主题板块，又推出了博客、视频、小柯机器人等特色栏目。

（二）运营模式：全媒体融合创新发展

为适应融媒体时代的发展趋势，传统科普网站不再局限于门户网站的发展，实现了集科普网站、微博、微信、APP 为一体的传播科普信息的融媒体发展平台，促进科普网站的推广和发展。例如，果壳网为适应融媒体时代的发展，着力开发手机端 APP，不断完善其功能。随着微信及短视频等社交媒体的不断发展，科普网站着力推出面向不同受众的微信公众号或微博帐号与自媒体相结合，实现了科学内容传播的专业性、趣味性、及时性、互动性的统一，吸引了大量的受众，取得了良好的传播效果[①]。

此外，虚拟科技馆、虚拟博物馆将多媒体技术和 3D 技术等相结合，通过网络模拟现实。如中国数字科技馆利用虚拟现实技术将中国科技馆新馆第四层的参观延伸至网上，参观者通过键盘和鼠标就能够身临其境地参观展厅。通过这种形式，可以打破科技馆、博物馆属地特性，有利于地域性较强的科技和文化的普及，有助于地方特色、民族特色知识的普及[②]。

---

① 宋军彦，李丹．媒体融合视域下科普知识有效传播模式探析——以“果壳网”为例［J］．新闻研究导刊，2018，9（20）：8-10，128.

② 刘超，郭君，章曼．“互联网 +”时代的网络科普创新思维［J］．龙岩学院学报，2017，35（1）：89-92.

对科普网站而言，多媒体方式不仅在传播平台上提供了新的方式，也给科普网站的内容生产和盈利模式带来了契机。科普网站通过建设集微信、APP、微博等平台为一体的多媒体社交平台，进行科学信息的传播和知识普及，形成以发展科普文化为主要方式的产业链集群，极大地促进了科普资源的整合。线下通过举办科普知识讲座、科普知识沙龙等活动，形成线上和线下科普传播方式的联动。此外，商业反哺公益这种商业运营模式也在科普网站中发展起来。如科学松鼠会团队创设了媒体网络公司果壳网，并将果壳传媒的商业经营收益长期大量地投入科学传播的运营中，保证了科学松鼠会的可持续发展，这样便建立了一条以商业反哺公益的模式[①]。

（三）内容生产：全民参与社会化生产

新媒体环境下媒体传播的跨媒体、跨时空发展的特性，使得科普网站的受众小众化、分散化，用户对科普网站的信息获取也表现为个性化和多样化。传统的科普网站主要通过门户发布科普信息，信息的来源主要为科学家等专业领域的权威人士。他们往往以意见领袖的身份出现在科普网站上，发表自己的观点，对相关领域的话题作出权威的解释。而公众此时被视为“科学信息的被动接受者”[②]。随着公众要求参与科普内容生产的热情高涨，科普网站科普信息的发布需要兼顾公众的需求，让受众参与到科普信息的生产、传播之中，形成科学共同体与社会群体共同参与内容的社会化生产。

新兴技术的发展给科普网站的创新带来了一个良好的契机。科普网站可以充分利用云计算技术将台式电脑、平板电脑、移动网络电视、智能手机以及其他的可穿戴设备融为一体，使科普信息的获取方式更为自由和便捷。5G 时代的到来，加速了科普网站迈向智能化的步伐，也给科普网站的转型和发展带来了新的机会。

① 贾欢欢．我国科普网站的现状、问题及对策研究［D］．武汉：华中科技大学，2015.

② 刘志磊．官办与民办科普网站比较分析及启示——以中国科普博览和科学松鼠会为例［J］．科协论坛，2018（7）：29-32.

二、科学松鼠会：融媒体时代科普网站的创新形式

科学松鼠会是一个科学传播公益团体，试图通过自己的努力使科学传播并流行开来。科学松鼠会的名字来自一个有趣的比喻：科学对于普通大众来说，就像味道鲜美却又不方便吃的坚果，而科普就是要像松鼠一样，把科学坚果外层的硬壳剥掉，把味美的果肉献给大众。其主要的传播渠道有科学松鼠会网页、博客、官方微博、微信公众号以及各种科普活动及讲座等。

（一）内容运营

内容为王是新媒体时代下，所有数字媒体产品必须遵循的生存策略。科学松鼠会之所以能够成为中国当下最为成功的科普团队，正是因为他们把握住了内容为王的运营策略。

首先是高质量的原创科普文章保障了科学松鼠会发展的基础。科学松鼠会以科普写作出道。科普文章是其最基本的产品。科学松鼠会十分注重其成员的科学背景与写作能力，在保证其所撰写的科普文章的科学性的同时，又关注文章的可读性与趣味性。其具体的写作方式可分为“约稿式”与“投稿式”，但都有专业的同行与拥有写作功底的作者进行评议，从而保证了文章的质量。

其次是运用多媒体表现手段，提升内容的层次性与多样性。传统的科普写作往往以文字为主，但科学松鼠会在保证其文字内容的同时，采用了多媒体表现手段，通过图片、视频、音频、动画等多种方式来丰富其文字表现，从而使科普文章的内容呈现出多样性与层次性的特点。

（二）媒体运营

在媒体运营方面，科学松鼠会最大的成就莫过于紧跟技术发展潮流与受众媒体使用偏好及时改变自身的媒体重心，从而使自身发展能够不被时代所淘汰。正如前文所说，科学松鼠会兴起之时，就抓住了当时最时兴的新媒体传播方式——博客，并发展成群体博客的形式进行科学传播。在博客文化逐渐衰落的时候，又借鉴了当时发展迅速的门户网站的形式，建设自身的多媒体官方网站作为科普写作的新平台，并紧跟技术发展步伐，对其官方网站进行不断地更

新与扩充。随着基于 Web 2.0 技术的社交媒体的发展，科学松鼠会又开发出以社交媒体为主的即时传播应用。可见，科学松鼠会在进行科学传播的过程中总是紧紧抓住技术发展与受众媒体选择的潮流，保证自身不落伍、不过时，这同样也是其取得较大成就的重要因素。

（三）企业化运营

从 2009 年开始，科学松鼠会便开始尝试以企业化运作方式来进行自身运营，直至正式获得国内 NGO“准生证”。科学松鼠会在成立之初，便是以企业化的形式进行运营，注册成立了北京市朝阳区哈赛科技传播中心，以企业的形式开展公益性科学传播活动。直至其获得 NGO 证明之后，科学松鼠会还是继续秉持企业式的运作方式：雇用正式员工，有固定办公地点，资金来自企业等机构的支持等。这种以企业形式来运营公益性科普活动的方式，是值得其他科学传播类公益性组织学习并借鉴的。

第二节 科普 APP 的探索与实践

智能手机与平板电脑的普及，使得移动应用（APP）备受关注，给科学知识的传播和普及带来了新形式。如出现了植物类科普 APP“花伴侣”“树木百科 –Trees Pro”“好多肉”、生活类科普 APP“葡萄酒百科”“食盐百科”等多种主题的科普 APP。基于移动应用的科学传播借助技术手段，以公众易于理解、接受或参与等方式，普及自然科学和社会科学知识，传播科学思想，弘扬科学精神，倡导科学方法。

一、科普 APP 的主要类型

科普移动 APP 在内容上涵盖多学科、多领域，在表现形式上可借助图文声像和增强现实、虚拟现实、人工智能等新兴技术，能提供科学游戏、问答、参考、阅读等多种形式的科普服务。我们从科普移动应用功能视角，将科普 APP

划分为资讯阅读、百科查询、测试问答、辅助工具等诸多类型。

（一）资讯阅读类

该类 APP 以图文音像的方式，提供科普知识和科普信息供公众阅读。阅读类移动应用又可细分为纯知识点类、信息资讯类、书刊电子类阅读形式。阅读类应用信息更新能力较强，知识系统性偏弱，与现实生活联系比较密切。此类应用是当前开展移动应用科普常用的方式。这类应用有专门依托于科普机构、科普网站等原型的科普应用，如“科学松鼠会”“果壳精选：全球趣闻看不停”等，这类似于移动互联网上的官方网站；也有科普机构就某一学科知识而开发的阅读类科普 APP。

（二）百科查询类

百科查询类 APP 集百科或专科知识于一体，主要通过按需查询的方式来传播科学知识。此类的应用有“百度百科”“互动百科”“生活百科大全”等。“百度百科”有提供用户搜索、下载和离线访问的功能。百科查询类的移动应用是公众经常用到的科普类移动应用之一，准确、权威、全面成为影响其发展的最重要的因素。

（三）测试问答类

此类科普类移动 APP 形式是通过人与 APP 的交互操作来传达科学知识，让人们在互动探索中接受科学教育。测试问答类是借助科普方式的创新，以相应的激励机制来实现科学信息的传播。比较典型的有测试类科普 APP 是闯关式的科普应用，比如，“Animal Planet”就是通过测试动物世界的知识的方式来科普的；Discovery 的“Stuff to Rattle Your Brain”，让观众以互动测试的形式来参与节目，受到了用户的欢迎。

（四）辅助工具类

辅助工具类的科普移动 APP 作为科普工作中的一个辅助工具而存在，以增强科普的互动性和趣味性。它多与其他技术结合实现，最有代表性的就是科技场馆类的APP。美国自然历史博物馆（AMNH）为配合展览 Beyond Planet Earth：The Future of Space Exploration 的开展，推出了 Beyond Planet Earth Augmented Reality APP，虚拟现实场景包括月球基地、NASA 探秘流动站、太阳系里的行星等。类似 APP 应用还有 AMERICAN MUSEUM OF NATURAL HISTORY EXPLORER（美国自然历史博物馆探险者）。国内中国数字科技馆和广西科技馆联合开发的“掌上科技馆”也是类似的科普类移动应用。

（五）实用参考类

参考类的科普移动应用是将某一领域的系统专业知识，以某种更具表现力的形式表现出来，供公众业余学习参考。美国自然历史博物馆藏品之 DINOSAURS（恐龙）APP，就是通过近千张的恐龙化石照片和渲染的图片向公众介绍恐龙知识。《星图》就是通过人机互动，实现对宇宙天体的探索，它采用精准 GPS 技术、精确 3D 宇宙图以及 iPhone 自身功能，将 iPhone 朝向不同的位置就会有不同的宇宙天体图及相关知识，诸如此类的 APP 还有 COSMIC DISCOVERIES、The Elements、world atlas HD 等。

（六）游戏娱乐类

游戏娱乐类的移动 APP 是将科学知识、科学思想、科学方法、科学精神等以游戏等互动娱乐的方式呈现出来。Discovery 的 WhizzBall！通过猜谜游戏来传播科学知识；Discovery Kids Sharks，6 岁以上的儿童可以操作这个充满乐趣的互动游戏来学习鲨鱼知识。ROVIO 和 NASA 合作推出的游戏 Angry Birds Space，以游戏的方式普及太空环境知识。

（七）社交服务类

社交服务类的科普 APP 是为科学爱好者或者科学工作者提供关于科学交流、社交的功能的科普类移动应用。同其他的科普类移动 APP 不同，社交服务类“团队文库档”APP 是为团队成员之间提供信息分享、交流、协同的移动应用，提供服务的社会化网络服务功能，社交属性比较明显。

二、科普 APP 的探索与实践之路

（一）资源整合：科普机构提供优质资源

从科普的主体来看，科研院所、高等院校、科技场馆等一系列科普机构都具有较多的优质科学资源。随着移动互联网的发展，科普机构利用这些技术创新科学传播形式，依托自身优势资源，开展以内容资源为核心的科学传播创新。以移动互联网技术和智能终端为基础，科普机构对核心资源进行开发和加工，推出了适合用户阅读和使用习惯的科学传播服务 APP。在内容为王的时代，移动应用形式的科普 APP 虽然能为用户带来良好的用户服务和加护体验，但归根结底还是以优质的内容作为自己的核心竞争力。

如美国国家地理学会借助自身资源，推出以资源优势为主导的科学传播服务 APP—National Geographic。随着媒体技术的发展，National Geographic 发展成为集 APP、手机 WAP 网站、电子图书、移动视频为一体的多媒体科学传播服务系统。到 2013 年，在苹果 APP Store 里 National geographic 的 iPhone APP 就有 13 个（10 个收费），iPad APP 有 19 个（15 个收费）①。

（二）技术创新：创新科普形式

为了能将有些枯燥无味的科学知识得以结构化和系统化，科普 APP 运用新技术将科普知识以全新的形式呈现出来。技术带来的内容表现形式或者信息传播方式成为科普服务创新的焦点。近些年兴起了如增强现实技术、虚拟现实技术、人工智能技术等新兴技术，为科普 APP 传播科学知识带来了革命性的变化。

花伴侣 APP 的识别技术主要为图像鉴别及人工智能学习技术，通过中国科学院植物研究所海量分类图库与用户拍摄的植物特征图片进行比对，进而高效识别植物信息。其人工智能学习技术的发展，使得花伴侣的识别能力不断深化②。

① 刘相法．基于移动应用的科学传播特征与策略研究［D］．合肥：中国科学技术大学，2013.

② 李珉葶，张健涛，雷耀华，等．基于用户需求的国内植物类科普 APP 影响力分析——以花伴侣 APP 为例［J］．科技传播，2017，9（22）：193-195.

这些技术的使用使得科普 APP 中枯燥无味的知识变得更加生动直观，晦涩难懂的知识点可以用炫酷的方式表达出来。如增强现实技术和二维码技术运用在科普展馆 APP 之中，改变了人们科技场馆的游览体验，这些科普 APP 的创新形式并非完全依赖于优质的内容，更多的是依靠技术创新实现科普 APP 形式的创新。

（三）公众参与：实现双向互动传播

Web 2.0 时代消解了单向线性的传播模式，推动了双向互动传播时代的到来。

移动网络的发展，推动了公众参与型科普这种创新科学传播模式的出现。例如，移动应用 Leafsnap（树叶快照）科普 APP 运用社交网络的传播功能，实现了信息的双向互动，让受众参与科普知识的传播；形色 APP 通过开发社交功能不断与用户进行互动，不定期举办壁纸征集、鼓励用户发言等活动，增强 APP 用户黏性；花伴侣 APP 利用用户共建图库，不断丰富图库内容，双向共建资源，使数据库的内容更加贴近用户需求。花伴侣 APP 中的鉴别排行榜模块，一定程度上鼓励用户共建图库信息，景区推荐模块鼓励用户留言，丰富了板块内容。

（四）商业驱动：创新科普商业模式

目前，世界范围内的以提高公民科学素质为目的的科学传播活动，主要的依靠力量依然是政府和非营利性社会组织。但随着社会的发展，越来越多的企业开始进驻科普传播这一领域，不仅有专属的科普 APP，还发展成集科技场馆、微博、微信、网站等多种科普载体的应用形式。因此，以商业为驱动力的科普活动成为重要的科普形式之一。以商业为驱动的科学传播形式的创新关键是科普商业模式的创新，基于移动媒体的传播特点和用户使用习惯，科普 APP 的商业模式出现了如“用户创建科普内容 + 广告合作分成”“科普资源售卖 + 行业定向广告”等形式。

互动百科于 2011 年推出了一款移动出版服务小百科 APP，在用户创建优质内容的基础上，完善生活、健康、旅游、教育等内容的聚合。小百科主要采用了两种创新商业模式：用户创建内容 + 广告分成、资源售卖 + 定向广告。

（1）用户创建内容 + 广告分成：由于互动百科的很多词条都是由“行家”编写，所以互动百科采取与百科创作者广告分成的商业模式，内容由业界专业人士提供，互动百科提供移动应用开发的技术支持，应用刊登广告所得的广告费用由双方分成。百科类的科普网站，其众多内容是由用户创建的，但借助于移动应用这种新的信息传播形式，公众在参与科学传播的过程中，还可以通过自己的知识获得一定的收益，这为鼓励公众参与科学传播的奠定了坚实的基础。

（2）行业资源售卖 + 行业定向广告：小百科 APP 一端联系着内容创建者，另一端联系着众多企业。行业百科是小百科平台为满足企业营销需要提供的合作形式。借助互动百科的行业百科合作平台，互动百科推出了二级域名、内容合作、冠名广告、手机 APP、推广资源、百科团等合作模式。通过小百科 APP，企业在不具备行业技术与研发人员情况下，也能迅速拥有一个专属企业自身的 APP 应用，为中小企业进驻移动终端市场提供绿色通道。目前，小百科平台已拥有：葡萄酒百科、咖啡百科、核辐射百科、动物小百科、汽车百科、医学百科等众多 APP 应用①。

三、科普 APP 应用创新的可持续发展：以 Leafsnap 的 APP 为例

Leafsnap（图 5-1）是一个识别树木的电子图鉴，可以通过分辨树叶照片的视觉识别软件来鉴别树木的种类。

Leafsnap 项目是由哥伦比亚大学、马里兰大学联合史密森学会发起，其经费由美国国家自然基金（NSF）提供。用户上传的图像、物种分析和物种位置的信息将会被自动共享。能够利用这些数据描绘花卉密度和多样性的科学家也可以使用这些数据。此款视觉识别软件，帮助从花卉照片中识别物种。这个免费的移动应用程序，帮助人们从花卉的照片中辨认物种，并包含其花、果、叶柄、种子。

① 刘相法. 基于移动应用的科学传播特征与策略研究［D］. 合肥：中国科学技术大学，2013.

图 5-1　Leafsnap

Leafsnap 的推出是靠哥伦比亚大学计算机科学系和马里兰大学的彼得和大卫·雅各布斯教授所研制的人脸识别技术，其可应用于物种的自动鉴定（图 5-2）。哥伦比亚大学和马里兰大学设计并实现了这种用于自动识别的系统。

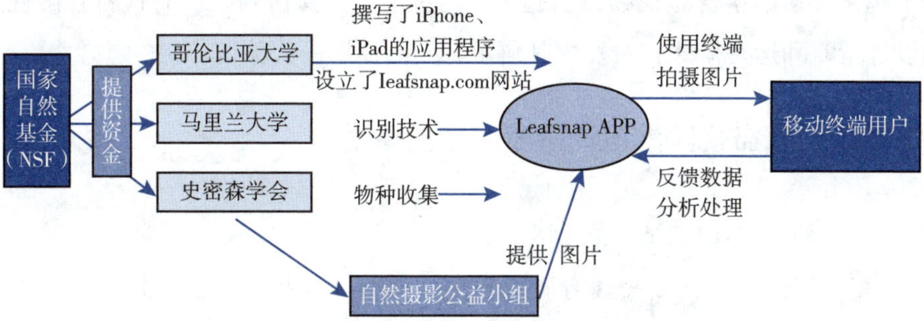

图 5-2　Leafsnap 运作图

哥伦比亚大学设计并撰写了基于 iPhone、iPad 端的应用程序和 leafsnap.com 网站、代码以及识别服务器。史密森学会负责收集叶种的数据集并监督整个项目的运营及策划工作。

第三节 科普微视频的创新发展

2014 年 7 月，中国科协在《关于开展“公众喜爱的科普作品”推介活动通知》中提出了“科普微视频”的概念，将其定义为由组织机构或个人制作、版权清晰、无知识产权纠纷的以普及科学技术知识、传播科学思想和弘扬科学精神为主要内容的时长为 30 秒至 20 分钟的小电影、动画片、纪录短片等视频作品。① 其中以 3 ~ 10 分钟的视频为主，内容广泛，表现形态多样，适合于各种终端，尤其是手机、平板电脑等移动媒体终端浏览和展示。按形式划分，科普微视频可分为科普动画、科普小实验、科普微电影以及科学演讲。②

近年来，随着新媒体的快速发展，科普微视频以其“短、平、快”、科学性、艺术性、趣味性并举的特点，和内容丰富、形式活泼、互动体验等优势，受到了广大公众的青睐，并为科普工作提供了强大的推动力。以“果壳科学人”、《飞碟说》和“明白学堂”等为代表的制作团队从社会热点的方方面面创作了越来越多的科普微视频，引起了广泛关注。而探讨新媒体时代科普微视频的设计策略和运营模式，对发挥其科学普及的作用极为关键。

一、科普微视频的设计策略和运营模式

（一）形式设计：“短、平、快”

“短”指的是时长要短。有研究发现，科普微视频的时长越短，点击率越高。微软公司就手机和社交媒体对人们注意力时长和质量的影响做了一项调查，发现 2000 年人类平均注意力时长为 12 秒，2015 年则只有 8 秒③。上海交

---

① 中国科学技术协会. 中国科协办公厅关于开展 2014 年“公众喜爱的科普作品”推介活动的通知［EB/OL］.（2014-07-09）［2018-01-18］. http://www.cast.org.cn/n35081/n35488/15769724.html.

② 杨晗之. 科普 3D 微视频创制及与传统媒体的融合传播［J］. 科技与出版，2017（11）：60-64.

③ BENNETT J，Nasreen JESSANI N. The Knowledge Translation Toolkit：Bridging the Know-Do Gap：A Resource for Researchers［M］. Sage India：IDRC，2011：78.

通大学媒体与设计学院李亦中教授曾说："影片只要超过 5 分钟，在手机上的点击率就大幅下降，3 分钟以内的短片点击率最高。"[①] 因此，科普微视频时长也最好控制在 3 分钟以内。

"平"指的是采用平易近人，易于受众理解的语言。科普微视频的目的在于普及科学技术知识、传播科学思想与弘扬科学精神，其传播内容不乏很多专业性知识，如果采用过多的专业术语，将会极大地增加受众对科普内容的理解难度，很难实现科普的目的。科普微视频可以以故事为载体，或借助真实的生活情境，还原生活场景展开叙述，将科学知识转化为受众喜闻乐见的故事，从而吸引受众关注，达到科普的目的。

"快"指的是紧跟时事热点。相较于文字和图片，视频对于客观事实的呈现具有无可比拟的优势。尤其对于突发性事件，微视频更能够客观真实地展示事件原貌。例如，飞碟说视频团队在"420 雅安地震"发生后快速推出的地震科普视频《雅安地震特辑》，仅用十几天时间，在优酷网的播放总量就已超过 673 万次[②]，取得了令人惊叹的传播效果。

（二）内容设计：将科学性与艺术性、趣味性相结合

科普微视频要坚持将科学性与艺术性、趣味性相结合。科学性是科普微视频的目的，艺术性和趣味性是科学性的表达方式及其实现手段。没有科学性，科普微视频将失去其应有的价值，无法把科学的知识完整地传达给观众；没有艺术性和趣味性，科普微视频将变得晦涩难懂，并会失去影响力和关注度，很难实现科普的诉求。在艺术性方面，科普微视频应注重视觉效果的传达和配音、背景音乐的效果等；在趣味性方面，可以以"自嘲"或"调侃"等态度对科普知识加以解释再辅以轻松的解说或经过改编的配乐。

（三）用户参与：注重互动性体验

随着数字技术的不断发展，传播过程越发重视与受众的交流和互动，给予

① 赵玉娜，马俊刚．关于科普微视频设计的若干思考［J］．科普研究，2018，13（4）：5-10，104.

② 李雅筝，周荣庭．科普新利器：基于时事热点内容创作的科普微视频——以飞碟说《雅安地震特辑》为例［J］．科技传播，2014，6（2）：220-222.

了受众更多的主动参与权，现在的科普微视频也需要注重互动性体验，通过用户参与获取用户需求，建立与用户间的情感链接，有助于获得受众的关注、扩大影响力。在互动性体验方面，科普微视频可以通过评论、弹幕等方式实现与用户的互动，并获取用户的反馈信息。

目前，科普微视频尚未形成较大的市场规模。其创作模式多为专业的创作团队制作，其经营模式为创作团队按照用户需求收费创作，或自己出资创作后与视频分享平台合作，通过授予播映权来收取一定的费用[①]。科普微视频的传播渠道多为视频分享平台，如通过 bilibili、优酷网、抖音等发布视频作品，通过社交网络人际分享模式逐步增加影响力，最终形成大众传播的效果（图 5-3）。

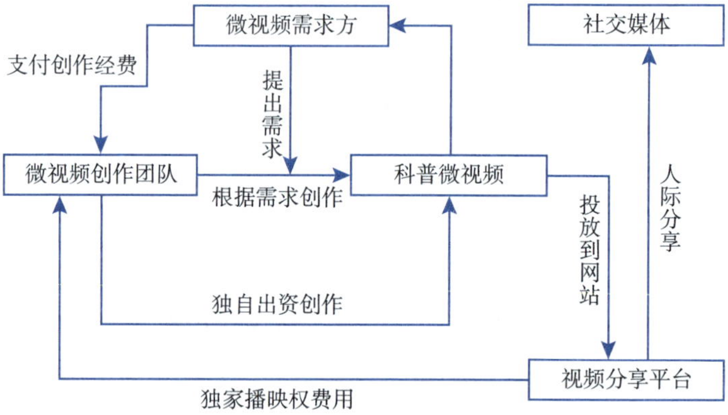

图 5-3　科普微视频的运营模式

二、美丽化学：融合科学与艺术之美

美丽化学（www.beautifulchemistry.net）是中国科学技术大学先进技术研究院和清华大学出版社联合制作的原创公益科学传播项目。其主旨是将化学的美丽和神奇传递给大众。

美丽化学（图 5-4）项目制作的科普微视频涵盖了化学反应、化学结构和化学史三部分。其中化学反应部分运用 4K 高清摄影机，从宏观角度捕捉化学

① 李雅筝，周荣庭．科普新利器：基于时事热点内容创作的科普微视频——以飞碟说《雅安地震特辑》为例［J］．科技传播，2014，6（2）：220-222.

反应中的缤纷色彩和微妙细节。化学结构部分使用三维电脑动画和互动技术，微观展示近年来在《自然》和《科学》等国际知名期刊中报道的美丽化学结构。化学史部分采用世界一流的电脑图像，还原了波义耳等 12 位著名化学家的 15 套重要的化学反应装置。

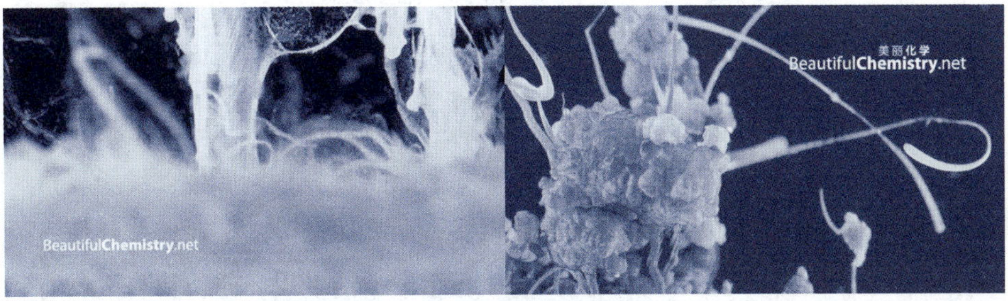

图 5-4 美丽化学

“美丽化学”系列科普微视频真正实现了将科学与艺术融合，产生了巨大影响力并获得了广泛的关注，网站也从诞生之日起获得国内外美誉。例如，在 2015 年，美丽化学荣获由美国国家科学基金会和美国《大众科学》杂志举办的 VIZZIES 国际科学可视化竞赛的视频类专家奖和菠萝科学奖菠萝 U 奖。此外，2013 年的诺贝尔奖和平奖得主“禁止化学武器组织”（简称 OPCW）特别提出希望能在他们的最新纪录片中使用这些视频。“美丽化学”系列科普微视频对化学知识的普及起到了很好的助推作用。

“重现化学”是美丽科学与中国化学会的合作项目，是“美丽化学”项目的续集。“重现化学”项目目前包含 15 部精美科普微视频，希望可以达到以下目标。

（1）制作更多更精良的影片，打破大众对化学的刻板印象。为了实现这一目标，“重现化学”从两方面进行了努力。一是采用艺术化的手段，将化学反应作为创作的基本要素，结合音乐和剪辑，在影片制作过程中尝试新的可能。二是采用了先进的摄影技术，包括显微摄影、红外热成像摄影、高速摄影以及 4K 超高清摄影，以前所未有的方式呈现化学反应之美。

（2）提高学生学习化学的兴趣，帮助教师高效教学。为了解决在课堂上有效地演示化学反应实验的问题，美丽科学的“仟问学堂”团队开发了一套化学教学微视频资源，涵盖了高中化学课程中大部分的化学反应，真实记录了化学反应细节和规范的实验操作。

第四节　科普电影的创新发展

科普电影是科学传播中的一个重要载体，具体包括科普电影、科幻电影、特种电影、科普纪录片等形式。20 世纪初，科普电影在中国诞生。经历近百年的发展，科普电影从最初的教育电影、科教电影发展至今，正在以全新面貌为中国科普工作做出贡献。互联网的兴起，数字技术的发展，使得科普电影有了传播的新渠道。而国外的科普电影也通过互联网的介入而给中国科普电影带来机遇与挑战。基于科普电影与信息化条件的结合，在此主要强调以互联网、数据库和新媒体等形式为基础，通过运用新兴技术改变传统科普电影的生产方式、运营方式、传播方式、选题方式、叙事方式等，深刻反映新媒体环境下科普电影在技术运用、形式选材、呈现方式、运营机制等方面的改变和创新。

一、电影的新媒体转型之道

（一）电影中的新媒体技术

世界上最早的科幻电影是乔治·梅里埃所导演的《月球之旅》。在拍摄月球探险神奇画面的过程中，该片使用了定格摄影、双重曝光、人工照明等当时几乎所有的拍摄技巧，并通过创造性的应用新媒体技术探索了叠印、再拍、停拍、快慢动作等多种拍摄方式和先进的洗印剪技巧，将月球探险的奇幻场景成功地表现出来[①]。

数字新媒体技术出现并且应用于电影领域中，在一定程度上标志着电影行业进入新媒体时代。如果说在电影艺术的发展过程中，从黑白电影的诞生到彩色是电影技术的两次重要的革命，数字技术在电影中广泛应用后，电影领域开

---

① 姜岩，冯忠宇. 数字化新媒体技术在　中国电影中的应用及发展［J］. 科研，2016（11）：203.

展了第三次技术革命。

在新媒体技术的辅助下电影所呈现的效果也愈加绚丽多姿，甚至人类所能够想象到的一切事物在数字电影中几乎都能够呈现。电影制作中利用激光技术和 3D 技术等完成对精密造型的制造，保证数字技术的实际应用效果。从更深的层次上进行解读，能够看出数字技术在电影艺术中的发展，开启了电影艺术自由发展的大门，让人类在电影创作中能够极尽想象，电影艺术创作水平也随之提高，创作范围不断拓展延伸。

（二）科普电影新媒体类型

近些年，国家对于科普教育重视程度有目共睹，全国各地的大中城市大量建设科技馆、科学馆、少年宫等科普教育项目。这些项目政府投入少则几千万元，多则几亿元，特别是在大型科普影视作品和设备的采购上，一般都要考虑类似巨幕电影、球幕电影、动感电影、4D 电影等产品。其中球幕影院，不仅可以放映 IMAX 胶片电影，8K 数字电影，还可以演示天体、天文现象及实时数字星空，以仰望苍穹的视角和超清晰的绚丽影像带来独一无二的视听享受。4D 电影是在 3D 立体电影的基础上，增加一系列环境特效，如震动、雾、雨、雪、风、闪电、气味、气泡等。通过特效动作与动画情节进行配合，将听觉、视觉、嗅觉、触觉及动感完美地融为一体，带来呼之欲出、栩栩如生的立体影像。

国内较为典型的案例是莫高窟数字展示中心。其借助现代化数字技术与多媒体的展示手段，制作了介绍敦煌莫高窟历史文化的《千年莫高》和球幕电影《梦幻佛宫》。其中,《梦幻佛宫》是全球首部以石窟艺术为题材的球幕电影，对最具艺术价值的 7 个洞窟加以全方位的展示。超大的球形荧幕与鱼眼镜头拍摄的逼真画面，伴随着全方位立体声的音响效果，令游客仿佛置身于洞窟之中。在这种新媒体电影形势下，精美塑像近在咫尺，绚丽壁画触手可及，甚至比在洞窟内游览更加令人震撼。通过这种形式，不仅对敦煌莫高窟的科普效果有所增强，同时也能实现对游览莫高窟游客的分流，从而减轻石窟遗产的压力，一举多得。

但是总体而言，国内这一类型的科普电影多在科技馆、博物馆等特定地区展示，且内容素材以国外影视作品采购为主，重复采购极大降低了科普资源利用率，而经费的相对不足也制约了科普影视的发展。科普影视资源的不平衡性使得人们在获取科普资源的途径和结果上并不一致，人们接受科普资源的机会和该地区的科技、经济等发展程度有着很大的关联。所以，我国科普影视的发展需要一种较为普遍、门槛较低的媒体平台作为传播推介。

（三）科普电影新媒体传播

新媒体时代的科普电影，以有线或无线网络为传播工具，电脑、手机、数字电视等载体为主要接收终端。也就是说，在电影院外也能够观看。在新媒体传播过程中，科普电影时长不定，短的可几秒钟、几分钟，长的可达几小时。随着时代的快速发展，人们的注意力资源被极大占用，而科普电影的剪辑片段以及相关微电影的出现，正好可以在一定程度上解决此问题。无处不在的新媒体正在成为传播科普电影的重要手段，如公交车上的移动电视、手掌中的手机电视都可成为传播科普电影的有效途径。

新媒体环境对科普电影的各个环节进行了重塑。生产过程中，科幻电影可以通过互联网进行电影选角。营销过程中通过互联网完成 IP 打造，在不同的新媒体平台形成粉丝群体，从而促进营销与传播，并开发一系列不同形式的产品，如电影周边海报、动漫、网络文学等，满足不同类型受众的个性需求，形成电影的品牌效应，创造更多的经济价值。此外，新媒体环境下的电影排行榜也发挥了重要作用，如豆瓣、烂番茄等平台通过公众参与评价的形式，搭建了评价机制，也作为科普电影质量的重要参考依据。

对于科普电影的发展而言，要利用强大的跨媒体整合功能，以实现更有效地科学传播。新媒体有别于传统媒体的最大优势在于跨媒体的信息整合功能。这种新媒体与传统媒体形成的复合型组合，使得科普电影传播形式与传播内容具有多样性。科普电影具有情节的完整性，叙事的多元性，可以将枯燥的科学知识以影像化的手法进行真实再现，更便于解读。因此在科普电影的制作上，也应把握住真实性、权威性、丰富性、时效性等，要为公众提供真实、准确、可靠、权威、丰富、及时的内容，同时杜绝伪科学、封建迷信等内容的传播，从而树立科普威望。

二、科幻电影《流浪地球》

（一）科幻电影的科普价值

随着时代的发展，新媒体对文化的重塑使得传统科普的作用不再显著，科普电影需要利用多元化的形式加以展开。科幻电影作为电影中颇为具有影响力的类型，用以传播科学知识不失为一种好的选择。

而对于科幻电影作为科学传播手段的合理性而言，科普工作者褒贬不一，其原因大致包括几点。首先，有观点认为科幻电影中画面惊悚，使得受众的年龄段变得狭窄；其次，有些科普工作者认为科幻电影是一种娱乐手段，但科学知识是严肃的，运用科幻电影进行科学传播是不合适的；最后，认为科幻电影并不具有进行科学传播的能力，因为其缺乏一个系统的适合科普的知识框架。《科幻世界》杂志主编姚海军也曾说："科幻在科学知识普及方面有其作用，但确实不能完全代替科普。原因是科普既包含了具体知识、常识的普及，也包括了传播认识世界的方法，但科幻并不能这样面面俱到。"事实上，任何科学传播方式都不可能面面俱到[①]。

科幻电影具有科学传播的可能。《光影两万里——世界科幻影视简史》虽是一部关于科幻电影史的著作，但其作者郑军在书中提出这样的观点："科幻电影"有别于"魔幻电影"，具有一定的科学基础和真实意义。从题材上看，科幻电影将真实的科学背景、专业的科学知识运用其中，所选题材既不是魔幻的也不是怪诞的，是具有科学理性和逻辑性的。从表现手法上看，为了视觉效果真实，目前的科幻电影多采用 3D 拍摄技术，大量高科技成果运用在影片制作之中，增加了观众对未来科技社会的体验。

江晓原教授在《科幻电影指南》一书中给出了观看科幻电影的意义：①想象科学技术的发展；②了解科学技术的负面价值；③建立对科学家群体的警惕意识；④思考科学技术极度发展的荒诞后果；⑤展望科学技术无限应用之下的伦理困境；⑥围观科幻独有故事情境对人性的严刑逼供；⑦欣赏人类脱离现实

① 秦晨菲，聂馥玲. 科幻电影，放大的现实——科幻电影进行科学传播的可能性分析［J］. 科普研究，2017，12（5）：36–42，108.

羁绊所能想象出来的奇异景观。上述内容说明了科幻电影与科学的关系，科幻电影是可以通过合理的想象以直观的视觉体验揭示与科学相关的诸多问题，能引起观众情感上的思考和反思，这些都是与公众理解科学直接相关的。[①] 王一鸣也曾指出："科幻是超现实的，但不是超自然的，它依托于现有的科学基础。发展科幻电影，对于培养人们的科学想象力，甚至对于社会范围内的科技创新、创意产业的发展都具有积极促进作用。"[②]

据一项问卷调查结果显示，60.29% 的人认为科幻电影对科学传播很有帮助。科幻电影对科学传播的作用在于引发科学兴趣、激发创造力、提升科学意识、传播科学内容等。因此，本书认为科幻电影具有一定科普价值，其激发观众对科学的思考，引起人类对科技发展背后的反思，反映科学应用下的奇幻景观，对于促进科学传播大有裨益。

（二）《流浪地球》的科普意义

2019 年初，得到科幻文学界、影视界和相关从业人员一致好评的科幻电影《流浪地球》是中国近年来第一部真正意义上的"硬核"科幻电影作品，改编自刘慈欣的同名小说。该影片主要叙述了在太阳即将膨胀吞噬太阳系之时，人类社会启动"流浪地球"计划并倾尽所有力量制造"行星发动机"，驱使地球逃离太阳系前往新家园的途中，地球经过木星附近时所发生的故事。

在前期制作阶段，由于原著以上帝视角和宇宙视角看待人类，时间宏大，跨越千年，但难以通过具象化的电影语言加以表现。因此郭凡导演选择了木星引力加速到逃逸的故事作为背景。选择木星的原因也正是因为其视觉冲击力：地球对人类来讲十分庞大，但当把我们的家园和体积是地球 1300 多倍的木星比较时，就变得非常渺小、特别脆弱。确定背景后，剧组从社会层面的政治、经济、文化、教育、娱乐、饮食，到自然科学层面的地球物理环境的变化、地球与其他星体的关系、如何脱离太阳，剧组都进行了相关的考虑，更邀请不少中国科学院的学者和教授共同探讨，确定能够建立一套严谨的世界观。

---

① 江晓原．科幻电影指南［M］．上海：上海交通大学出版社，2015：14.

② 王一鸣．科幻电影、创新及科普［J］．科技导报，2013，31（23）：84.

《流浪地球》对许多科学知识进行了普及。以该片的故事背景为例，太阳在 50 亿年后会爆炸，恒星其实像人类一样，有出生、成长、壮年、衰老和死亡，这个过程称为恒星的演化。在演化的过程中，有些恒星的确会发生诸如氦闪、超新星爆发等突然喷发，最终形成白矮星、中子星或黑洞。在红巨星阶段，质量与太阳差不多的恒星可能会发生氦闪，也就是强烈的氦聚变，在几分钟的时间内释放出巨大的能量，形成能量爆发，这种能量足以摧毁整个地球，这也是小说《流浪地球》最后描述的灾难性场景。

（三）科幻电影的新媒体转型

作为现象级科幻电影，《流浪地球》的口碑票房实现了双收，而这种成功离不开新媒体传播的推波助澜。2019 年不仅被称为中国科幻电影元年，更是中国科普的一记大事。众多媒体发表了一系列科普文章，诸如《讲给孩子听的〈流浪地球〉中的科学奥秘》《〈流浪地球〉中的科学故事》《专家解读〈流浪地球〉中的科学奥秘》等，这些文章在进行电影营销的同时也达到了很好的科普效果。虽然也有一些人因此做出文学批评或者科学批评，对《流浪地球》中的科学知识、背景假说提出了质疑。典型的文章包括《从科学角度审视〈流浪地球〉》《〈流浪地球〉有哪些科学常识错误》等，尽管是一种对科幻电影的批判反思，但也体现出了科研工作者的求真与批判精神。

在微博、微信、知乎、豆瓣等新媒体平台上，会产生大量关于科幻电影的讨论和二次创作。影迷自发为《流浪地球》成立社群进行讨论，发送文本进行宣传，甚至对电影的彩蛋和花絮进行剪辑，展开二次创作。根据整合传播营销的理论，当今社会传播就是营销，用来形容科幻电影的新媒体转型现状再合适不过。

有学者曾指出对于国家而言，科幻影迷数量与经济发展水平具有一定的正相关关系。中国科技的发展与崛起需要一群敢于想象，勇于创新的人。中国载人航天和登月等航天事业的发展，其实也是一代又一代科学家把幻想付诸现实。中国科幻电影的未来值得期待，也将砥砺公众在各个领域开创出新天地①。

① 沈蓉.《流浪地球》热映引发科普热潮［J］. 中国科技论坛，2019（3）：2.

三、科普纪录片《人类宇宙》

（一）科学传播的叙事艺术

传统的科教电影、科教纪录片叙事刻板，多以画外音的形式伴随画面讲解科学知识，这种“教科书式”的电影叙事方法，虽在特定年代中在科普工作中发挥重要作用，但已经无法满足现代人的需求。一项研究表明，在科学传播的过程中，讲故事的模式比灌输知识的模式更能够为人接受，能更好地促进对科学知识的记忆。叙事被认为代表了人类思维的默认模式，向现实证明了这种结构起到了潜移默化的科学传播作用。因此，如何在科学传播过程中发挥叙事艺术对提升科学传播的效果至关重要。

对公众而言，研究科学思想，讨论科学本身，是非常宝贵的。一部好的电影纪录片，也能够教会科学家如何更好地沟通以实现科学研究的社会价值。通过揭示人类的兴趣和情感，驱动讲述科学故事，是一个很好的科学传播方式。叙事艺术具体包括戏剧化、情绪化、人格化、虚构化，主要通过核心人物搭建起矛盾冲突，再发挥隐喻的作用，通过具象化事物的类比，促进公众对抽象科学概念的理解，等。

（二）《人类宇宙》的科普模式

《人类宇宙》是英国BBC制作的一部科普纪录片，由布莱恩·考克斯主演。作为继《太阳系的奇迹》《宇宙的奇迹》和《生命的奇迹》之后，布莱恩教授的又一力作，该纪录片探索了宇宙中最珍贵、最神奇的事物：人类。在这个引人入胜的系列中，作者提供了一个关于人类生活的原创叙事视角：关于一群猿人的故事，这些猿类已经进化到离开他们的家园并走出宇宙。

该系列纪录片共5集，分别是《猿人：太空人》《我们缘何至此》《我们是否孤独》《时空中的一隅》《人类未来展望》。人类是好奇的生物，在地球上的所有物种中，我们独自对世界发问。该系列纪录片讲述了我们曾经问过的最大问题：宇宙中我们在哪里？我们为什么在这里？人类大脑是如何产生的？为什么我们会产生意识？是否存在外星生命？我们的未来是什么？为了寻找答案，布莱恩在全球范围内开始收集他遇到的人的线索，并将他们与每个问题的最新科学思想联系起来。结合美丽的摄影，以富有想象力的表现方式和神奇故事的讲述者布莱恩，展现了对宇宙终极奇迹的全新理解。

不仅在5部纪录片的宏观设计上具有问题导向，在每一集的处理上也依然使用了问题导向型的叙事方式，在细节的处理上十分巧妙，环环相扣，引人入胜。譬如在第三集《我们是否孤独》中，布莱恩教授探究了人类在宇宙中的地位，考虑外星生命存在的可能性以及人类是否能够发现他们。为了解答这个问题，布莱恩教授解释了一个智能文明在宇宙中演化出来所需要的必要条件：一颗生态友好的恒星，一颗处于“宜居地带”的行星，生命在那样的行星上自动衍化出来，以及智能生命演化出来并建立起文明所需要的时间。在此处，影片还使用了一群小演员举着不同颜色、大小的地球，去象征宇宙中处于不同阶段的恒星，并进行具体的图示讲解，形象生动，寓教于乐。

（三）科普纪录片的新媒体转型

科普纪录片除了在传统电视上播放以外，更多的是在数字电视、电脑、移动手机上进行播放。互联网上视频播放平台应运而生，诸如优酷、爱奇艺、腾讯视频等，均开设了纪录片频道。

一个项目在一个平台、一定时间内播放量超过一亿次，就可以认为它是现象级的；如果它超过一千万次，可以算是爆款；如果达到百万次，它可能仅是一个常规的纪录片。对于科普纪录片的新媒体转型而言，最重要的评判标准就是流量。高流量的纪录片作品往往具有以下特征，首先是故事题材受众范围广，其次叙事和内容决定了纪录片的风格和品质，最后才是走向新媒体市场做好营销与传播。

此外，关于科普纪录片的评论，在豆瓣、知乎、新浪等网站也有所涉及。科普纪录片的内容也可以作为素材，进行新媒体平台的科普文章、短视频创作。

四、漫威影业：全媒体时代的超媒介叙事

在2008年以前，没有人能够想到已经濒临破产而孤注一掷的漫威影业能够破而后立开启长达10年甚至更长时间的恢宏电影宇宙格局。由漫画改编的

超级英雄系列电影以席卷全球之势迅速打破一个个电影记录:《复仇者联盟 4》上映 25 天，全球票房就达到 25.31 亿美元，位于全球影史票房排行榜第二，且在这份榜单上漫威电影公司占据了前十中的五席。全媒体时代，漫威影业的新媒体转型成功之道值得探讨，它给予科普影视的创新发展极大的启发。

（一）超媒介叙事手法

超媒介叙事，指的是一个文本的完整的组成元素，通过各种媒介渠道，创造出一种统一的、共鸣的娱乐体验。在理想的环境下，每个媒体都对这个文本故事起着不可取代的作用。[①] 简单而言，即为满足观众的个性化需求，媒体就一个故事文本通过多角度、多渠道的叙事平台呈现，彼此独立又相互依存的各类媒体产生的交叉影响将远大于单一叙事方式所带来的感官体验。

“眼看起高楼，眼看宴宾客，眼看楼塌了”这句话可以很好地契合 20 世纪的漫威漫画，经历过 40—80 年代的全民读物，也经历过世纪末的“漫画经济泡沫”，在 21 世纪初濒临破产的漫威漫画公司开始自我转型，由简单的连载漫画刊物纵向延展至电影行业，并在《钢铁侠》电影成功后大力发展超媒体手段，逐步完成了从漫画到电影、电视、游戏等媒体形式的超媒体叙事转型。

那么超媒介叙事的先决条件是什么呢？一个作品必须要有完成的世界观，一定的扩散性和研究性，一定的多样性，文本的组成元素相对独立而又能组成一个整体。因此，不难看出漫威之所以能够高度契合超媒介叙事的原因正是其宏大的世界观，多达 5000 多个独立漫画角色，以及一定的粉丝基础。

以《美国队长》系列为例，在第一部《复仇者先锋》里，出现的宇宙魔方在雷神系列、复仇者联盟系列、电视剧《神盾局特工》中皆被提到，这样的文本互涉将每一个独立的个人系列电影串联成一个完整的电影宇宙世界观。另外，在《内战》中出现的钢铁侠、黑寡妇、黑豹、蚁人等角色都在漫威电影宇宙中的其他子系列中出现，如果没有在观影之后观看或阅读其他媒体作品，是无法了解到其完整的剧情的。这种多媒体参与的沉浸式互动增加了观众在线上

① BRUNDIGE A. The Rise of Marvel and DC’s Transmedia Superheroes：Comic Book Adaptations，Fanboy Auteurs，and Guiding fan Reception［O］. Ontario: The University of Western Outario,2015.

线下多平台对于剧情讨论的热情，满足他们的“认知癖”以及对角色命运的关注，以丰富他们对于漫威世界的探索和故事的了解，进一步提高了电影的多媒体娱乐体验。

（二）新媒体运营模式

《复仇者联盟 4》是漫威影业布局十年的漫威电影宇宙第一阶段收官之作，预告片发布 24 小时，点击量超过 2.89 亿次，成为历史上观看次数最多的预告片。这样的成绩除了电影本身的优良制作，亦离不开漫威影业的营销模式。

美国新媒体学者提出网络社群的概念是当有足够多的人，长时间的共同参与一个公共讨论，投入足够多的情感，并在网络空间中构成一个由个人关系组成的网，就会产生网络社群的社会群聚象。漫威迷正是这样一个自发形成的网络社群，在带来粉丝文化的同时，更是引起了粉丝效应，创造了粉丝经济。作为一个成功的 IP，漫威的周边，以及与实体经济的联名合作品牌，风靡全球。

漫威在电影的宣传上，造势规模大，在现实和网络中齐头并进。现实中，在美国举行的漫展，打造的品牌，生产的相关文创产品，均为电影的成功立下汗马功劳。与此同时，其超媒介叙事的手法，使故事不断丰富多元；对于企业而言，其主动迎合粉丝，开创多重盈利模式，保证了经济利益的最大化。此外，其主创成员在新媒体平台上进行宣传，与粉丝互动，带来巨大的话题与流量。

第五节　科普游戏的创新发展

科普游戏是以电子游戏为载体进行科学普及的活动形式，是挖掘科普资源，顺应理念转型，丰富教育手段，进而改善科普效果的一种重要途径[①]，是新

① 周荣庭，方可人. 关于科普游戏的思考——探寻科学普及与电子游戏的融合［J］. 科普研究，2013，8（6）：60-66.

媒体时代应运而生的产物。科普游戏虽然不能取代正式的科学教育，但是在实际应用中，特别是新媒体环境下正不断地展示其独特的优势。

一、科普游戏的优势与特点

科普游戏这一名词在2010年前后出现，实质上是严肃游戏（Serious Game）在科普领域的一种概念拓展，与之相关的概念还有基于游戏的学习（Game-based Learning）、寓教于乐（Edutainment）、学习类游戏（Games for Learning）、教育游戏（Educational Games）等。科普游戏与传统意义上的电子游戏不同，它并不以娱乐为目的，而是以普及科学技术知识为目的而设计的游戏。尽管它同样具有娱乐性，但最终目的是为科普服务，为科普所用。通过对国内外已有的科普游戏进行调研，总结出科普游戏具有以下的优势与特点。

（一）即时反馈

科普游戏最大的优势在于它能够提供即时的反馈，而这是传统的科普手段难以做到的。科普游戏可以通过状态和流程进度的即时反馈与受众交互，展示受众需要为之努力的目标，使其直观地看到量化结果，从而激发他们的参与度和投入度。[①] 这种即时反馈使得受众在体验科普游戏的过程中不断地强化关于正确信息的认识，这样一来，受众在完成科普游戏为其设定的目标的同时，也接受了科普游戏向其传递的科学技术知识。这样的外部激励也能够激发受众的内在动因，使其将学习行为转变为自我激励的结果。另外，科普游戏中的反馈也极大地提升了学习效果评价的效率。在传统的科普手段中，这一反馈的结果往常来自“期末”，即便是在网络学习中，反馈也远不及游戏中这样及时，这就大大减少了科学技术知识输出者给出反馈的时间。

（二）角色认同

科普游戏中对于故事以及角色的应用有别于传统科普手段，受众会在体验游戏的过程中认同游戏角色的期望，并将其内化，从而达到认知、情感与行为

---

① 鲍雪莹，赵宇翔. 游戏化学习的研究进展及展望［J］. 电化教育研究，2015，36（8）：45-52.

相互一致，[1]完成角色认同，并且这一过程往往是不受意识控制的，[2]之后角色便会成为受众自身存在于游戏中的化身。在这样的情况下，受众能够以全新的角色体验科普游戏中的故事，这一角色经历的一切事件及其成败带来的心理感受都会由受众来承担，而这些故事构建在真实事件的故事的基础之上，这就带给受众真实世界的体验。同时，科普游戏设计中存在着大量的戏剧化元素，使之能够以比真实世界更为生动的形式呈现在受众面前，为角色建模认同、移情和效能提供了可能，有助于达到娱乐教育目的[3]。

（三）受众细分

传统的科普手段难以针对庞大受众群体需求的差异性进行个性化设计，这就造成了有相当一部分受众无法选择契合自身兴趣和习惯的科普方式和内容。而作为科普游戏载体的电子游戏已有较为成熟的行业生态，有着丰富的类型，如模拟游戏、角色扮演游戏、策略游戏、音乐游戏、体育游戏、动作游戏、冒险游戏等，基于这一分类基础来开发科普游戏，可以最大可能地满足不同受众对于游戏类型的需求。另外，科普游戏也能够较为便捷地广泛运用到各个学科领域，如医疗、物流、工程、金融、语言学、工商管理、战略规划等，[4]因此也可以在游戏内容上满足受众的差异性需求。

（四）游戏化学习

科普游戏兼具科普和游戏的双重特征，因此除了科普的教育性之外，还具备游戏的趣味性，这是传统科普手段难以达成的。游戏使我们更容易沉浸其中，并且会在游戏中更积极主动、热情洋溢[5]。而科普游戏将教学目标隐藏于游

---

① 纪婷婷，邓欢，马静，等. 流动儿童的角色认同及其与自尊的关系［J］. 贵州师范大学学报（自然科学版），2012，30（3）：31-36.

② KLIMMT，HEFNER，VORDERER，et al. The video game experience as 'true' identification：A theory of enjoyable alterations of players' self-perception［J］. Communication Theory，2010，19（4）：351-373.

③ 曾明瑛. 中国严肃游戏的娱乐教育发展策略研究［D］. 电子科技大学，2011.

④ 鲍雪莹，赵宇翔. 游戏化学习的研究进展及展望［J］. 电化教育研究，2015，36（8）：45-52.

⑤ Thomas M. Connolly，Elizabeth A. Boyle，Ewan MacArthur，Thomas Hainey，James M. Boyle. A systematic literature review of empirical evidence on computer games and serious games［J］. Computers&Education，2012，59：661-686.

戏进行的过程中，从而使得受众在放松的状态下无意识地完成游戏中设立的目标，达成科普的教育效果。而这种让受众在轻松、愉快、积极的环境下接受知识的学习方式真正地实现了以人为本，尊重人性的教育，重视培养学生的主体性和创造性，有利于培养学生的多元智力素质[①]。

二、一款能够解决顶尖科学问题的科普游戏

《折叠》(Foldit)(图 5–5)是公认的第一款最具影响力的科普游戏。该游戏由华盛顿大学的结构生物学家和计算机科学家以及职业游戏开发人员合作设计完成。该游戏团队希望通过游戏途径，不仅使玩家理解生物学的相关知识，同时借助集体智慧和即时反馈机制，使玩家发挥自身创造能力，为蛋白质设计新的形状，为治疗疾病提供积极帮助。在《折叠》中，玩家在 3D 虚拟环境下操纵蛋白质，有评论家称之为“21 世纪的《俄罗斯方块》，屏幕上挤满五颜六色的几何蛇”。几何蛇代表一种蛋白质所需的不同的构建元素，即连接并折叠成图案、以便执行体内不同生物学任务的氨基酸链。玩家可以通过完成“已破

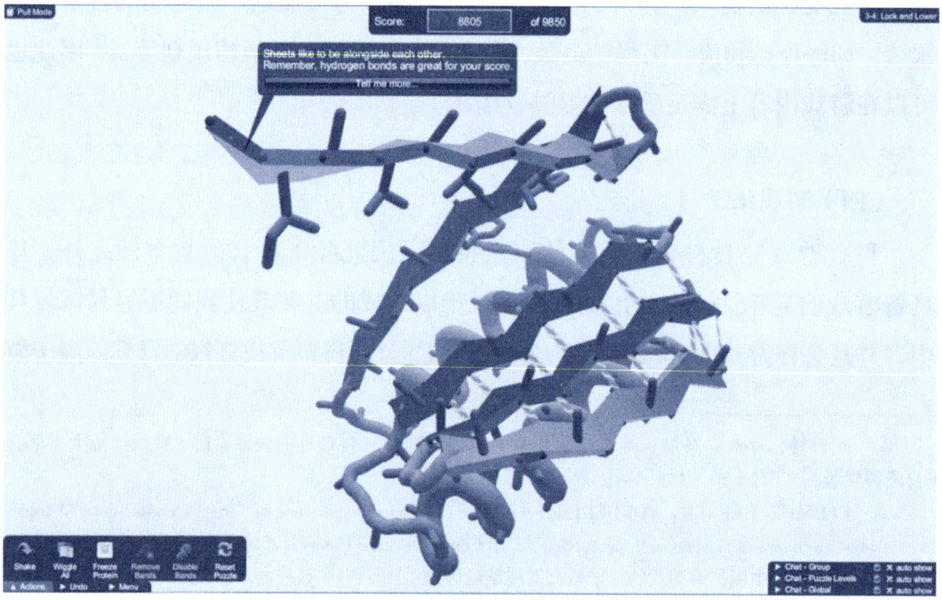

图 5–5 《折叠》

① 张金磊，张宝辉. 游戏化学习理念在翻转课堂教学中的应用研究[J]. 远程教育杂志，2013，31(1)：73–78.

解”任务来学习如何折叠蛋白质，这些任务都是已知折叠方法的蛋白质。而当玩家掌握了折叠方法后，游戏开始鼓励玩家尝试预测科学家尚未破解的蛋白质折叠形状，或是设计新的蛋白质形状，总而言之，是以最优的方式折叠出最稳定的虚拟氨基酸链，以此完成游戏的不同任务。同时，科研人员也可以对这些稳定的虚拟氨基酸链展开科学研究。

《折叠》尝试利用人脑天生的三维图形匹配能力为生命科学进行研究。目前该程序出的谜题都是基于已被人们清楚了解的蛋白质，通过分析人类在解这些谜题时的直觉思考途径，研究者希望能改进现有蛋白质折叠软件所用的算法。该游戏推出 18 个月后，吸引超过 112700 名玩家注册，大部分玩家之前在蛋白质折叠领域没有任何经验。然而在一系列游戏挑战中，玩家 5 次击败了世界上最成熟的蛋白质折叠算法，还有 3 次打成平手。

用一款科普游戏来解决科学问题看起来是天方夜谭，但是《折叠》却真正地做到了这一点。艾滋病的逆转录酶是艾滋病毒在活体细胞中复制和繁殖自己的关键，其结构困扰全球科学界已有 15 年之久。但在该游戏中，逆转录酶的结构仅在 10 天内就被玩家们破解。《折叠》团队在 2010 年把关于蛋白质折叠的研究成果发表在世界顶级科学杂志《Nature》上，而研究成果正是全体游戏玩家集体智慧的结晶，所以该研究论文将 57000 名玩家并列为正式的合著者。

三、《榫卯》和《折扇》：国产科普游戏的尝试

《榫卯》和《折扇》是由设计工作室 Tag Design 开发，腾讯公司代理的两款科普游戏。Tag Design 团队作为这两款科普游戏的开发者，是国内少有的专注于传统工艺和文化的互联网产品团队。两款游戏皆以中国传统文化元素为核心策划理念，致力于弘扬传统文化精髓，获得了游戏玩家一致好评。其中《榫卯》游戏荣获 2014 年 APP Store 年度优秀应用和同年的豌豆荚年度设计奖。《折扇》游戏发布的前 3 个月就获得了接近 50 万次下载量。

在两款游戏策划和制作过程中，手工艺从业者等专业人士提供了科普知识包括制作工艺、原理和历史等。Tag Design 团队在与手工艺者多次沟通后确定了游戏中 3D 模型的结构，并完成开发，最后由腾讯公司负责这两款游戏的代理。这种多方共同参与的合作方式体现了科普新媒体发展呈现的行业高度聚

合，分工协作的趋势。两款游戏将传统文化和现代科技有机结合，制作时先整合和梳理科普知识，再通过计算机技术建模呈现可视化效果，为玩家带来沉浸式体验，实现了中国传统文化科普的由静态应用到动态应用的转变。

《榫卯》游戏以科普中国传统技艺中的榫卯为主题，游戏涵盖了 27 款高质量的榫卯结构三维模型，通过滑屏和点击，玩家可以拆解榫卯结构，清晰地看到三维模型的每个细节，从各个角度对榫卯结构进行观察和研究，并进行结构的重新组装。每一步的操作，都加深了玩家对于榫卯结构的理解，而拆解完模型后，游戏提供了详细的讲解，包括使用原理、榫卯工艺产品、工具和木料等方面的介绍。《榫卯》游戏中的科普知识的植入不是生硬的，而是玩家自发控制科普内容的开展，加深了玩家对传播内容的理解。

《折扇》游戏以科普中国传统文艺中的折扇为主题，包括了折扇欣赏、形制、工艺、历史、扇坊五个方面的内容。该游戏以交互和解谜的形式为主，深入浅出地介绍了折扇的 16 项制作步骤，带给玩家了解折扇艺术的全新体验。游戏注重趣味性，在折扇工艺环节中必须全部完成每一关的打卡，玩家通过手势操作控制屏幕内的器具，以完成全部步骤。每关游戏都有一定难度，玩家需要通过不断尝试和思考才能找到正确的解锁方式。玩家在每一关通过后，屏幕上即出现这一步骤的详细解释，这会让玩家深入理解折扇制作的科学原理。完成所有关卡后，玩家才能制作一款属于自己的 3D 折扇。这款游戏界面设计精美、配乐动听，并通过互动游戏丰富了玩家的体验，充分调动其视觉、听觉、行为系统，实现了传统文化科普内容的生动传播。

《榫卯》和《折扇》两款游戏把传统文化元素和科普知识通过计算机技术来展现，获得了玩家的认可，值得借鉴和学习。近年来，随着物质水平提升，人们越来越重视精神层面的文化追求。对于科普新媒体而言，只有从客户需求出发，不断充实叙事内容、结合各种交互手段，为玩家呈现感知系统上的沉浸体验，才能实现长久有效的发展。

第六节 科普场馆的新媒体应用

作为科普基础设施之一的科普场馆，是指以提高公众科学素质为目的、常年对外开放、实施科普教育活动的场馆，是公民科学素质建设和实施科教兴国战略的重要基础设施。[①] 科技场馆是以展览教育为主要功能的公益性科普教育机构。传统时期的科普场馆，主要通过常设和短期展览、科普教育、科技传播和科学文化交流活动等对公众进行科普教育。科普场馆运营模式较为传统，以静态展览为主，只有很少的参与、体验、互动性的展品及辅助性展示手段。

新媒体的出现为科普场馆带来了福音，这意味着科普场馆不仅可以将科普展品数字化，以力求更具有参与性；还可以借助虚拟现实、可穿戴式工具为科技馆增添趣味。更重要的是，科普场馆可以借助网络、移动互联等建立网上科技馆、移动 APP，实现科技传播的全媒体化，进而推动科普场馆运营推广方式的新变化。

一、科普场馆的新媒体运营

（一）新媒体环境下的科普场馆的转变

（1）科普场馆主体走向多元化。科学技术协会、自然科学博物馆、学校、相关政府部门、企业、学会都成为科普场馆的主体，通过相互合作提高科普场馆的影响力。

（2）科普场馆从展品中心走向以主题为中心，如当阳市科技馆、洛阳市科技馆等通过实物展品与展览主题相关的内涵故事相结合，有利于更好地展现科技原理、科学事件、科技人物。

（3）科普场馆“以设计者为主导”转向“以参观者为主导”的场馆协作。在场馆的设计展示中更多地考虑参观者的需求，充分了解受众的意愿，让更多

---

① 谢起慧. 我国科普场馆建设的现状与思考［J］. 海峡科学，2012（3）：92–94.

的人参与场馆的设计和展示，体现科普场馆的科学性。

（4）科普场馆新媒体服务手段更加丰富。在展前利用新媒体平台、了解舆论热点、对展览的主题、内容、风格进行充分调研，同时对现有新媒体资源进行整合梳理，形成以网站、微博、微信为主打的网络宣传平台，手机应用突破展览宣传的时空限制和常规途径；在展中利用新媒体技术作为科普展览的辅助形式，使用视频、投影、互动体验、语音服务等多媒体技术，构建更为丰富的科普场馆知识体系；在展后进行评估、文创产品开发。利用网站、微博、微信等新媒体平台服务于展后的调查评估工作。同时，社交媒体、本地搜索、移动搜索等新媒体手段的应用为博物馆产品营销提供了新的方式。“SOLOMO+O2O”模式把社交媒体、本地搜索以及移动搜索在网络世界里互相结合，并提供最终的用户体验。

（二）新媒体环境下的科普场馆转变路径

1. 云计算 + 科普展览——科普云

云计算就是通过大量在云端的计算资源进行计算。大量科普资源云端储存、门户网站、手机 APP、信息大屏和微博微信的综合运用，将科普资源集成在云端，减少了物资成本，拓宽了用户的科普内容选择渠道。例如，上海科普资源公共服务平台利用了云计算。

2. 科普互联网 + 科普展览——网上科技馆

网上科技馆主要指的是实体科技馆创办的、以宣传和服务为主要内容的服务网站，如中国科学技术馆网站、上海科技馆网站等，也有一些“网上科技馆”是没有实体相对应的，完全是在网上的数字化的信息，如海南虚拟科技馆、中国科普博览网中有几十个虚拟馆。

建设网上科技馆是科学技术发展的必要产物，突破了实体科技馆时间和空间的限制，加强了对科技馆的宣传，延伸了科技馆的服务。为实体科技馆的展品提供了新的展示方式，进一步丰富了实体科技馆的各种教育活动，对于一些小城市或地区，可以有效节省资金。

3. 智能终端 + 科普展览——网上科普、虚拟现实科普

智能终端一般指的是手机、平板和电脑，在线下科普活动中也包括科普大屏进社区、利用 VR 眼镜的虚拟现实科普展览。利用“智能终端 + 科普展览”

可以进行网上科普、虚拟现实科普，结合热点事件和重要节日开展形式多样的科普活动，从而有效提高科普人群的覆盖面，深入社区、乡村和学校，打通科普工作的“最后一公里”。

（三）科普场馆的新媒体运营特点

1. 智能化

电子票务等信息网络技术的发展使得科普场馆能够借助终端智能机等新媒体设备，将其应用于场馆的运营中。例如网上购票 + 自助取票的服务，使门票服务节约人力成本，提高工作效率。

2. 移动化

移动端成为科普展览的新载体，如掌上科技馆。它能够让受众观看展览更加便捷，通过移动端将最新的视频、音频技术应用到科普展览中去，做到及时更新，以满足使用者的多样化的科普需求。

3. 碎片化

科普内容呈现碎片化的趋势。如中国数字科技馆微专栏直接将热点科学事件结合简短直接的科普内容呈现在受众眼前，简短的篇幅、图文相配的形式适应了受众对科普内容多样性的要求。

4. 个性化

“定制你的科技馆之旅”是一种从受众角度出发的全新的科普形式，如中国科技馆每周二至周五面向学校团体推出“定制你的科技馆之旅”活动，学校先通过网上预约，然后科技馆派出专人负责对接了解参观需求，还会提前为不同学龄阶段、不同参观时长的团体定制适合的教育辅导活动，活动内容包括主题参观辅导、学习单辅导、观看科学表演、参与科普活动室和实验室活动，这些会使参观更加具有针对性，更具有吸引力。

二、典型案例介绍

（一）中国数字科技馆

中国数字科技馆是由中国科学技术协会、中国教育部和中国科学院共同建设的一个基于互联网传播的国家级公益性科普服务平台。中国数字科技馆以激发公众科学兴趣、提高公众科学素质为己任，面向全体公众，特别是青少年群体，搭建一个网络科普园地。在中国数字科技馆这个平台上，公众能够增长科学知识，体验科学过程，激发创意灵感，了解科技动态，共享丰富的科普资源。

根据现有的资源形态、对外提供不同的服务形式，中国数字科技馆分为数字科普资源博览馆（包括虚拟博物馆和科普网站）、数字科技体验馆和科普资源馆。科普资源博览馆建有 30 个主题虚拟博物馆和 23 个网络科普专栏，供社会公众在网上浏览和学习，为科普工作者提供科普信息服务；数字科技体验馆建立 4 个系列共计 40 个科学体验区，从多角度、多学科设计，为用户提供一个科学内涵丰富、体验形式多样和体验结构层次清晰的数字虚拟科学乐园；科普资源馆建设包括科普图库、专题科普展览库、科普动漫作品库、科普音像库集成、科普报告库、科普研究资料库、科普教育基地库、科技馆展品库和科技博物馆展品库等 11 个专题数据库。

中国数字科技馆从宇宙探索、生命奥秘、人与自然、历史文明、健康生活、工程技术等多个视角全方位介绍了人类科技文明。这是我国第一次大规模投资、大范围协作开发数字科技馆，也是我国第一个多学科、综合性的大型公益科普资源共享服务平台。

1. 优质资源共享，发挥规模效应

中国数字科技馆始终注重发挥平台效应，与全国 25 个省市的 55 家科普机构、40 余家科普期刊合作，每月更新优质科普文章 100 篇以上、专题 2 期，带动了全国网络科普的发展。同时，中国数字科技馆积极探索网络科普联动机制，探讨共同开展科学普及与传播活动的模式，共同策划和实施大型科普活动，形成规模化效应。

2. 内容渠道并重，打造精品栏目

中国数字科技馆强调利用互联网联合高校、科研院所、地方科普机构以及其他社会单位参与平台建设，同时结合时事热点，推出了科普专题，包括针对基因编辑事件推出的“基因编辑婴儿事件背后的中国式医学伦理审查”、针对国产动漫电影“白蛇缘起”推出的“白蛇缘起：音乐与怀旧情绪”和针对华为

事件推出的“什么是5G”专题。此外，网站还与传统媒体结合，推出了“青稞周刊”专栏。与视频结合，推出了“榕哥烙科”“科学连线”等专题。

3. 虚拟现实结合，技术推动发展

中国数字科技馆以独创、原创内容为主体，全方位应用多媒体、虚拟现实、人机互动等新技术，大量使用图形化解构，交互式参与等方法，普及科学知识，展现科学过程，解析科学原理全面提高了科普内容的表现力。[①] 网站在进行数字化展品资源建设中建立了AR专题体验馆、“展品荟萃”栏目和“数字看展品”专题。利用增强现实技术和三维实时渲染等技术建设AR专题体验馆，把中国科技馆的27件展品变“活”——公众用手机客户端，扫描展品图片，就可通过立体的3D虚拟动画了解展品内容和相关的拓展知识[②]。

在网站上，根据ALEXA排名中国数字科技馆网站排名在科学探索类网站排名第三。在2019年2月11—17日，其日均PV浏览量911万人次，IP访问量为164万人次。在微平台上，“中国数字科技馆”微博粉丝量达802万人次，日均阅读量逾10万人次。在新浪微博发起的“科学史上的今天”话题活动，截至2019年2月21日，话题总阅读量达3.6亿人次，网民讨论超过2.7万人次，充分展示出科普微平台的影响力。在微信公众号方面，微信服务号关注粉丝数达到9万人。中国数字科技馆通过微信平台推送网站科普内容、开展线上科学活动、发布手机科普游戏以及收集网民反馈意见等，全方位开展科学传播。目前，在微信平台已推出的手机科普轻游戏有“挑战大脑”“追光游戏”和“科学大转盘”等。

此外，中国数字科技馆在不断完善移动客户端的功能和用户体验的同时，还开发了系列移动客户端应用，如科学迷宫、知识竞答、疯狂齿轮、小小航天员等手机游戏。目前中国数字科技馆已累积开发各类客户端应用80余款，受众反馈效果良好。

（二）北京故宫博物院

北京故宫是世界上规模最大、保存最完整的紫禁城木结构宫殿建筑群，历

① 中国数字科技馆项目团队获科技部表彰［J］. 硅谷，2011（3）：212.

② 中国数字科技馆建设进展［J］. 科技导报，2016，34（12）：58-65.

经明、清两代，共600余个春秋。故宫博物院位于北京故宫紫禁城内，1925年10月10日建馆。故宫博物院系在明、清两代皇宫及其收藏的基础上建立起来的综合性博物馆，也是中国最大的古代文化艺术博物馆，北京故宫博物院院藏文物体系完备、涵盖古今、品质精良、品类丰富。现有藏品总量已达180余万件（套），以明清宫廷文物类藏品、古建类藏品和图书类藏品为主，其中珍贵文物达1684490件（套），占文物总数的93.2%，是全国文物博物馆系统馆藏珍贵文物的41.98%。藏品共分25大类别，其中一级藏品8000余件（套）①，故宫博物院作为我国历史最悠久的博物馆之一具有丰富的文化资源。

北京故宫博物院文创产品开发呈百花齐放、自成一派之势，其文创产品开发坚持工匠精神，高屋建瓴，内涵深刻，同时又与时代接轨，贴近生活。“雍正：感觉自己萌萌哒”系列笔记本、“朕亦甚想你”折扇、朝珠样式耳机到“雍正御批”系列胶带、故宫日历、花鸟图手机壳，故宫博物院文化创意产品的开发、销售和宣传依托互联网的发展与壮大，成为中国博物馆文化创意产品领域的领头羊。截至2016年年底，故宫文创产品超8700种，已上线的8款APP平均下载量上百万，线下商店最高销售额每天超过10万元，总营业额超过10亿②。其营销传播模式主要有以下几点。

（1）微信传播。①转变形象，反差萌引爆关注。“故宫淘宝”微信公众号用“萌萌哒”的皇帝形象以及逗趣的语句和漫画来解读历史故事。在这种情况下，读者更容易转化成消费者。②合理制造悬念，诱发阅读及传播。公众号的推文通过诙谐的语言对严肃的历史故事作出解读，使之更加有趣、易懂。而且公众号的文章还说出了读者不知道的事情，满足了大众的好奇心，同时为大众提供茶余饭后的谈资。

（2）微博传播。①双向互动，提升用户黏性。将微博账号形象人格化，在发消息时自称“本公”。打破了故宫以往给人的威严、庄重刻板印象，符合现在网络的流行文化。通过及时与粉丝进行互动，提高用户黏性，提升品牌价值。②抓住实时热点，借势营销。“故宫淘宝”善于抓住网络热点，利用微博

① 阴鑫. 中国博物馆文化创意产品开发研究［D］. 开封：河南大学，2016.

② 何依宁. 新媒体时代故宫博物院的品牌文化传播路径分析［J］. 新媒体研究，2019，5（4）：54–56.

这一社交媒体平台信息传播速度快的优势，及时为自身的文创产品和品牌创造影响力。例如，2016 年在热门动画电影《大鱼海棠》上映时与电影制作方共同推出了定制文创产品。而在 2017 年端午节为了迎合节日习俗，推出了“端午五毒小饼”，造型可爱，口感香甜，深受年轻人的喜爱。③软文营销推广。2014 年年末开始，故宫淘宝的微博开始通过软文进行营销推广，以科普历史 +“标题党”的方式，吸引读者点开文章，而在文章的最后就是新品的广告。例如,《她是怎么一步步剪掉长头发的》这篇文章，先是讲述了乾隆皇上和其皇后乌喇那拉氏之间的恩怨情仇，然后通过皇后剪去头发，再结合大家都非常熟悉的还珠格格中的人物皇后和容嬷嬷，在最后点出针线盒和香皂盒两样产品。

（3）“故宫精神”打造人文品牌。2016 年，中央电视台播出了文物修复类系列纪录片《我在故宫修文物》，通过对故宫藏品修复师日常工作的展示，引起人们对这一冷门领域的广泛关注，广受好评。2018 年年初,《国家宝藏》第一期中故宫推荐的《千里江山图》、清乾隆各种釉彩大瓶、石鼓 3 件顶级文物再次引发“故宫精神”的热议，对故宫文化形象宣传、文创产品营销起到良好作用。

（4）APP 传播。2013 年 5 月，故宫首个 APP“胤禛美人图”上线，APP 对书画、陶瓷、工艺、美术、宫廷生活等方面进行了还原，参观者只要点开画卷中的某部分（人物装扮、室内装潢、家具），就可以看到有关它的历史典故和虚拟实物。之后故宫团队相继推出了一系列 APP,“紫禁城祥瑞”的用户可以 DIY 自己的瑞兽并与其他玩家分享;“皇帝的一天”中有小狮子科普清朝礼仪以及各种文化知识;“韩熙载夜宴图”以 3D 的形式将古卷呈现在用户眼前。

纵观故宫文创的网络营销模式，给其他博物馆和文创产品的网络营销带来一些启示：①在网络营销的过程中，对消费群体进行精准定位；②在微博、微信、故宫 APP 等社交媒体平台，通过借势营销、场景营销等形式吸引大量的忠实粉丝的同时，提升用户的活跃度与忠诚度；③在平台上发布内容时，融合互联网语言的“卖萌式营销”手段改变了用户以往对故宫文化以及古代人物的认知，促进用户对故宫的文化以及产品进行口碑传播；④故宫博物院选择与腾讯、阿里巴巴等平台进行合作，在提升品牌知名度的同时，还可以有效地传播故宫文创产品的设计理念，促进品牌的宣传与传播。

（三）上海科技馆

上海科技馆是上海市人民政府为贯彻落实科教兴国战略，提高城市综合竞争力和市民科学文化素养而投资兴建的具有中国特色、时代特征、上海特点的综合性自然科学技术博物馆，是对公众进行科普教育的公益性机构，是中国重要的科普教育基地和精神文明建设基地。分为 11 个风格各异的主题展区、4 个高科技特种影院、3 个古今中外科学家及其足迹的艺术长廊、2 个主题特展和若干个临时展厅，生动地演绎着“自然 · 人 · 科技”的永恒话题。

1. 上海科技馆实体展馆的信息化

（1）语音导览。上海科技馆将人工语音数字化，节约了大量的人力成本。上海科技馆向国内外观众提供中、英两种语言的自助语音导览讲解服务。观众可在 2 号门的游客服务中心租赁相关设备，观众在进入每个展区后可听到一段关于该展区的介绍，还可以对有编号的展品进行选择聆听讲解。每个展区的音频长度为 10 ~ 15 分钟，每种语言的音频总长度为 2 小时左右。

（2）实体展览网络化。上海科技馆将馆内的各种展览活动在网页上分门别类的进行展示，将实体科普展览改编成网络资源，例如“科学奇异果 · 多思多美味”科普展览，不仅通过各种科学小实验带给观众不一样的视觉体验，而且转化成网页链接，致力于用最简单的话语传播最深奥的科学。

（3）实体展区多媒体化。上海科技馆利用多种媒体和信息技术进行科技传播，其趣味和动态性带来了良好的传播效果，例如，地壳探秘展区通过模拟场景、互动展项 / 展品、标本、影视片和多媒体等综合手段，展示了地球是一个“动态的构造体”。

2. 上海科技馆的网络数字化

开创多媒体展示形式。上海科技馆开发了虚拟游览系统，可以通过网站直接再现实体馆的全况。同时，移动端 APP 可以通过手机端对馆内的展示进行全面展示。手机 APP 还利用答题寻宝的方式激发参观者的兴趣，并同时进行科普，创新性地用多媒体融合的形式提高了传播效果。

（1）“自然史诗”多媒体秀。上海科技馆科学影城拥有 4 个风格迥异的特色影院：IMAX 立体巨幕影院、IWERKS 四维影院、IMAX 球幕影院和太空数码影院。这4个特色影院分布在科技馆的展区中，组成了亚洲地区最大的科学影城，用各种媒体技术的结合为参观者带来了全新的感官体验。IMAX球幕影院是一座具有球幕电影和天象演示双重功能的、集教育与娱乐为一体的、新颖的影视场所；球幕影院的天像节目演示采用数码天象仪系统，天象仪演示的星空逼真准确，并能模拟在地球上、太阳系中任何地方、任何时候所看到的星空和星空运动；太空影院是中国第一家采用视频拼接、图像处理、观众互动、电脑集成等技术综合而成的多媒体球幕影院。

（2）互动学习平台。通过上海科技馆的互联网主页将开展的教育活动数字化，可以进行在线学习，同时用户可以通过PC端、移动终端登录远程实时在线互动学习平台，例如，用户可以通过上海科技馆的互动学习平台观看位于科普教育基地内监视摄像头的实时影像。

（3）高科技导览系统。上海科技馆二期计划引进手持式无线多媒体导览系统，这种综合多种最新技术的导览系统集成了精确定位、无线数据通信、多媒体展示以及个性化服务等多项功能。

（4）开发原创多媒体影视资源。上海科技馆开发了很多原创的多媒体影视资源。例如，与企业进行合作拍摄制作了多部科普纪录片，包括《中国大鲵》《扬子鳄》《震旦鸦雀》《重返二叠纪》和《剑齿王朝》等，其中《中国大鲵》在各网站点击量达到64万次，获得了较好的传播效果。

三、科技场馆的创新发展趋势

（一）移动设备带来全新生机

手机、平板电脑等移动设备，以其简便易携的特性，成为时代新宠。各类场馆正在逐步加强移动设备在展览中的应用。通过接入移动设备，参观者可以概览与展品相关的知识内容，体会展品中蕴藏的科学内涵。

基于移动端的社交媒体力量不可小觑，科普展览在移动端应用是时代大潮。借船出海，科普展览利用好社会化媒体营销的手段，一方面借助其社交力量传播科学知识，另一方面也可以为自身的科普展览做好宣传。

国内场馆正逐步推广应用移动设备创造和提供教育经验，把参观者的想法同展品联系起来，如建立手机科技馆。目前，国内大多场馆主要基于有线网络设计管理模式，这使得移动设备技术很难进一步推广。另外，短期内可能难以找到熟悉潜在移动内容的优秀开发商尽管存在各种问题，但其潜力仍是显而易见的。

（二）增强现实技术亟待开发

增强现实（AR）技术在科技馆的应用可以使参观者在参观或互动中加强对信息的获取，但AR技术在国内发展尚未成熟，存在许多尚未克服的技术障碍。AR技术在场馆应用中将是一项重大的挑战。

在当前的增强现实系统中，主要广泛运用基于计算机视觉技术来实现虚拟模型的集成，目前AR技术的主要研究方向应该是开发廉价的硬件设备，并加强用户视觉和听觉感知方面的研究。AR技术是一个具有无限潜力的高新技术领域，在不久的将来定会深刻影响我们的生活。

（三）众筹推动科普场馆发展

长期以来，国内场馆都存在忽略参观者的情况。随着新媒体技术与场馆的互相融合，展品设计由原来的以场馆为主导，设计者为主体，转为以参观者为主导，场馆协作的新局面。众筹最关键的问题是找到合适的目标受众，充分了解他们的兴趣爱好去激励他们，并给予一些相关的信息去完成研究任务和风险评估。随着众筹理念的普及，场馆与参观者的互动逐渐发展为“参观—反馈”模式，并进一步进化成“提议—参观—反馈”的模式。参观者不再满足于“场馆展什么我看什么”，而是可以提议“我想让场馆展什么”。在场馆的规划和组织方面，利用众筹方式，通过社交网络来提高社区在场馆活动中的参与度，鼓励参观者提供自己的想法和相关视频，加强在场馆活动与展览中的互动。众筹的广泛应用使展品设计充满活力，以参观者为中心塑造场馆，提高了公众参与度，集大众之智慧，使展品设计满足公众需求，场馆的创新更有价值[①]。

如上所述，新媒体技术将在未来场馆应用方面有良好的发展趋势，随着

① 辛兵. 我国科普场馆教育的“地平线”——《新媒体联盟地平线报告》（博物馆版）的启发［J］. 现代教育技术，2015，25（3）：5-10.

新媒体技术和平台被更广泛地运用和成本价格的降低，场馆将逐步加大对新技术开发应用的力度。然而场馆需要考虑给观众提供的体验要达到怎样的程度，才可以在满足受众需求的同时，通过技术融合实现有效的教育，使参观者真正融入场馆，使场馆真正面向大众，面向现代化，面向未来。

第七节　新兴技术的科普应用

新兴技术管理一直是管理学科的重要内容和前沿阵地，自2000年宾西法利亚大学沃顿商学院的标志性著作 *Wharton on Managing Emerging Technologies* 给其下了最初的定义：基于科学的，有可能创立一个新行业或者改造一个现有行业的创新[①]。2015年，Rotolo等人梳理了1971—2014年的2021篇相关文献，从文献分析的角度给出了最新的新兴技术定义：知识生产过程中产生的短时间内狙击大量资源且相对快速发展的根本性创新技术，具有影响未来经济和社会发展的潜力[②]。

在新媒体的大趋势下，科普内容需要与新兴技术进行深度融合，以创新的表达方式进行科普形式设计，将科技成果转换为公众喜闻乐见的科普形式进行传播，如增强现实技术和虚拟现实技术，语音技术、多模态人机交互等新兴技术，合适的科普形式对放大科普传播效果和增强科普内容的吸引力都具有重要的促进作用。本节就近年来在科普中应用较多的几种新兴技术进行简要的梳理，并就其与科普产品的具体结合进行说明。

一、沉浸式媒体技术及其科普应用

（一）沉浸式媒体技术简介

学术意义上的“沉浸式”来源于芝加哥大学博士 Mihaly Csikszentmihalyi

---

① DAY G. Wharton on Managing Emerging Technologies（Wharton об управлении новыми технологиями）[M]. New York: John Wiley&Sons，2000.

② ROTOLO D，HICKS D，MARTIN B R. What is an emerging technology?［J］. Research Policy，2015，44（10）：1827-1843.

于 1975 年提出了的沉浸理论（Flow Theory）[①]。该理论认为，当人们专注地投入某项活动时会不自觉地过滤掉不相关的知觉，进入沉浸的状态。当沉浸理论延伸到人机互动媒体上时，就出现了沉浸式媒体。因此，沉浸式媒体技术（Immersive Media Technology）是指能够让受众置身于多元化信息环境的一种手段，该技术作为吸引受众信息体验的创新要素，已成为学界业界关注的焦点。沉浸式体验是当今所有产业打造以用户为中心理念的前沿追求，也是目前科普产业的热点问题。依托虚拟现实技术（VR）和增强现实技术（AR），市面上已经出现一定数量的精品沉浸式体验产品。沉浸式媒体技术也以其交互性（Interactivity）、沉浸感（Immersion）、构想性（Imagination）的特性为科普领域的发展带来了新的契机。

从新媒体的技术演化特征来看，增强现实技术（AR）与虚拟现实技术（VR）都是未来越来越兴盛的沉浸式新媒体技术，它们能够促进以用户为中心的体验，使人通过眼睛、耳朵、语言、皮肤、手势等感觉器官与虚拟信息进行交互实现信息的传递，消除虚拟信息与现实环境的界限，创造良好的用户体验[②]。

（二）沉浸式媒体技术在科普中的应用

沉浸式媒体技术目前在科普产业得到了初步应用，多为探索性研究。如中国科学技术大学周荣庭教授成立了沉浸式媒体技术实验室，旨在探索 VR/AR 等沉浸式媒体技术在科学传播与科学教育上的应用，通过新媒体技术的融合，来推动科学文化的传播。安徽新知数媒科技有限公司制作了 CG 全景视频《前程 THE PROSPECTS》，可以通过三星 Gear VR 眼镜浏览四个沉浸式场景：知识殿堂、中微子探测器、脱氧核糖核酸（DNA）和宇宙；用户带上三星 Gear VR 眼镜就可进入梦幻的立体空间，近距离地观察微观粒子，感受科学之美。

沉浸式媒体技术的特性对科学普及有先天的优势，可以为大众打开无限的想象空间，创造一种宛如真实的环境使其设身处地的体验科学、学习科学，进

① CSIKSZENTMIHALYI M，CSIKSZENTMIHALYI I. Beyond boredom and anxiety［M］. San Francisco：Jossey-Bass，1975.

② 周荣庭，王中贝. 虚拟现实出版物制作应用原则探究［J］. 中国出版，2018（16）：29-35.

而理解科学，是科普信息化条件下科普新媒体发展的重要方向。

在科普产品创新方面，沉浸式媒体技术带来基于信息技术的多元化科普产品的创新。其中，基于 Web 技术和 VR 技术创作的互联网 VR 科普产品极大提升了数字化科普产品的交互式体验。从目前的发展来看，沉浸式媒体技术在科博馆展品展项设计开发，互联网交互式数字化科普产品创作等方面都有较多实践。这些创新实践案例能够为交互式科普产品需求机构提供借鉴，从而充分发挥 VR 技术在科普产品创作中的优势，推动我国科普产品多元化创新发展，更好地满足公众对科普产品新形式、新体验的需求。

下面，针对国内外基于沉浸式媒体技术创作的科普产品进行了一些简要梳理。

1. 增强现实与实景融合创新的案例：伦敦“街景博物馆”

伦敦街景博物馆（图 5-6）是一款利用 AR 技术融合现实实景设计研发的一款手机 APP，除了对博物馆基本的解说功能，增加了游览博物馆的乐趣，游客可以随时在伦敦街头身临其境的穿越时空。基于 GPS 地理位置服务，使用者可将手机摄像头对准所在位置，通过 APP 调出当前位置十几年前的样子（图 5-7）。此外，系统中还融合了多元化的内容资料，既有老照片，又有虚拟再现的图像，既有重要历史瞬间，也有普通人的日常生活场景，使现实和虚拟的数字化内容完美地融合，增强了用户身临其境的体验感。

图 5-6　伦敦街景博物馆

（a）

（b）

图 5–7　3D 复原模型

2. 数字化虚拟博物馆创新的案例：百度百科数字博物馆

百度百科数字博物馆，是百度百科与全国的知名博物馆合作，共同开发的互联网平台（图 5–8）。通过音频讲解、实境模拟、立体展现等多种形式，让用户通过互联网即可身临其境地观赏珍贵展品，更便捷地获取信息、了解知识。平台实现了电脑端和手机端的同步展现，让用户随时随地都能感受到历史文化的沉淀。平台让广大网友不用“亲临实地”，就可以了解全中国多家博物馆的专业藏品信息。数字博物馆通过文字、图片、录音解说和立体 flash 等多种方式，全景展示了各家博物馆的权威信息和独家藏品知识，极大丰富了用户的感官体验。

图 5–8 百度百科数字博物馆

3. 基于全景摄影技术的博物馆漫游系统案例：印象亳州

印象亳州数字博物馆，是中国科技大学科技传播与科技政策系和亳州市博物馆共同研发的数字化科普作品（图 5–9）。作品主要基于虚拟现实 360° 全景图像技术制作。通过网站、触摸屏或平板电脑等终端设备，访问者可以作为主角存在于模拟博物馆中，在展馆间漫游，并通过交互功能，对场景和展品进行缩放、旋转等操作，让博物馆展品在访问者面前“活”起来。作品能使观者获得“浸入式”观展体验，形成形式生动、内容丰富的虚拟展览，在增强用户体验的同时，帮助公众了解古代历史、科技思想和技术工艺。

图 5–9 印象亳州数字博物馆

该作品运用了全景摄影技术、全景图像合成技术、漫游交互技术、先进的图像压缩与还原技术、语音合成技术、网络集成技术等多种 VR 技术集成了虚拟环场展览场景、语音讲解、图文视频等多种科普元素（图 5-10、图 5-11）。作品具有立体效果好，真实感极强，造型数据量小，在线还原展示时速度快，非常适合网络式访问观看等特点。作品可以通过嵌入网站、终端设备等形式，实现一套集视觉感知、听觉感知、触觉感知、运动感知为一体的数字化科普作品。

图 5-10　系统中的视频热区（单击可播放视频）

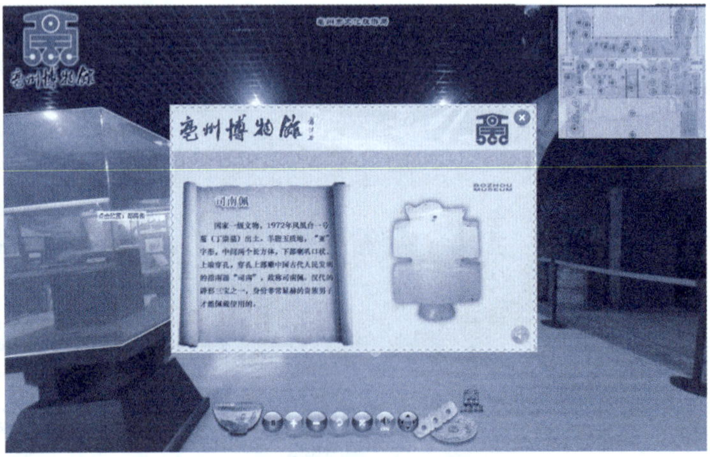

图 5-11　系统中交互式的图文热区
（单击热区能够查看展品详情，并有语音控制交互）

印象亳州数字博物馆的场景素材是使用全景摄像设备实地拍摄所得，因而漫游场景是对真实环境的定格再现，场景文物逼真，真实性强。虚拟现实 360°全景技术结合其他多媒体技术，改变了传统展示手段，使原来单调枯燥的陈列变得生动活泼，增强了视觉效果，有了更强的可看性和操作性。该技术虽然在交互体验上比利用 3D 技术制作的虚拟漫游系统稍逊一筹，但更加适合网络传播，且真实感更强，制作成本更低。

4. 基于 VR 技术的交互体验式产品创新案例：3D 核电站

由于核电站的高度敏感性，其参观操作规章制度极其严格。核电站是一个庞大的系统，内部结构高度复杂，加之高辐射的环境，即使是操作人员的日常培训也异常困难，而非专业人员更加不可能对核电站进行参观和实地操作。

科普场馆运用 VR 技术给核电站爱好者带来全新的体验方式，不再承担巨大的环境、财务风险。在虚拟 3D 核电站里，拿起交互手柄，可以随意更换 3D 核电“设备”，系统会提示你操作是否正确，下一步的操作要领是什么。游客戴上 3D 眼镜，还可以进入虚拟的 3D 核电站、核岛、主控室里，走走停停，摸摸看看，身临其境地了解一座庞大复杂的核电站如何有序运行，增进对核电站的了解，虚拟现实环境漫游系统带来了比文字、图片、视频更强的沉浸感（图 5–12）。

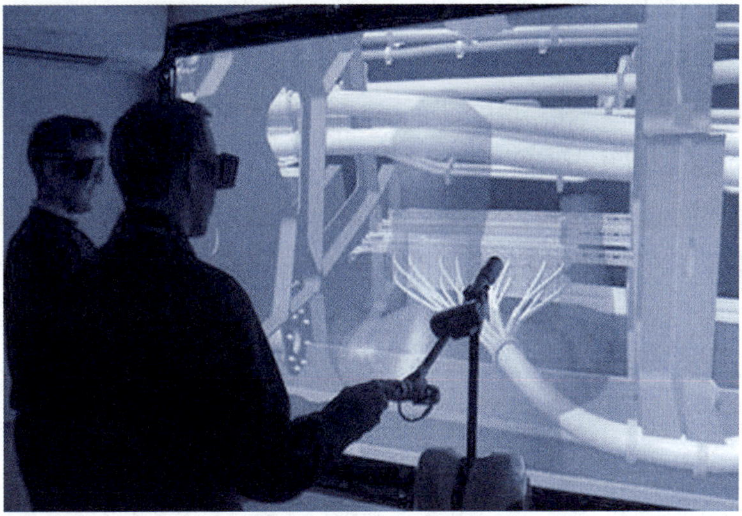

图 5–12　虚拟现实环境漫游系统

这种方式的优点是操作过程没有任何风险，体验者可以反复练习，将其应用在科普领域，科普爱好者则可以体验很多日常生活中无法接触的领域。除了核电站的操作之外，还有飞机驾驶、太空旅行、建造人体模型、化合物分子结构显示等。可以在广泛的科普领域提供无限的虚拟体验，从而加速和巩固学习知识的过程。亲身去经历、亲身去感受比空洞抽象的说教更具说服力，主动地去交互与被动的灌输，有本质的差别。也可以建立各种虚拟实验室，如地理、物理、化学、生物实验室等，具有传统实验室难以比拟的优势。

二、智能语音技术及其科普应用

（一）智能语音技术简介

2017年，中国人工智能迎来真正的新纪元，而智能语音作为人工智能的重要分支将成为下一个风口。2014 — 2017年，全球语音设备出货量大幅攀升。预计2020年，全球语音识别的市场规模将达到200亿美元。① 智能语音技术包括语音合成、语义理解、自然语音处理等多项技术在内，智能语音技术不仅已在教育、医疗、客服、家居、金融等各个领域的应有不断成熟。语音是人类沟通和获取信息最自然最便捷的方式，智能语音技术简单来说就是让机器像人一样“能听会说，能理解会预测”的技术，通过智能语音技术所实现的语音交互模式对人机交互方式变革具有突破性意义，赋予产品“听”、“说”功能，实现与人进行互动。近年来，将智能语音技术与科普产品、科普平台相结合的实践案例也越来越多。

一方面，语音作为人们日常生活中非常重要的传播媒体，利用语音识别技术进行科普展示，会给用户以非常直接的印象，达到良好的效果。另一方面，利用机器人普及语音识别技术，可以促使人们对语音识别技术及目前的技术水平发展有一个较为直观全面的认识，对语音技术的全面推广和应用起到良好的促进作用。

① 甘玉珏，苏军根，林健，等．智能语音产品现状及展望［J］．广东通信技术，2017，37（12）：66-68.

（二）智能语音技术的应用案例

1. 儿童科普教育产品:《开心熊宝》

将智能语音技术与儿童科普教育相结合，不仅满足了儿童的好奇心，同时也激发孩子的求知欲。《开心熊宝》（图 5-13）是科大讯飞开发的一款寓教于乐的儿童益智教育软件。该玩具可以给儿童讲故事、唱儿歌，还可以根据用户年龄的变化、时间的变化为用户提供定制化的内容推送服务（RSS），通过搭载“讯飞语音云”，用户与开心熊宝可以进行各种语音互动。

图 5-13 《开心熊宝》益智软件

2. 智能语音交互技术：儿童益智科普文化平台

2017 年由安徽省科普产品工程研究中心有限公司与中国科学技术大学、科大讯飞股份有限公司、中国电子科技集团公司第三十八研究所以及合肥寰景信息有限公司合作的“基于先进数字交互技术的居民科技文化传播平台的集成研发与应用示范”项目。基于科大讯飞在语音方面的研发经验和强大资源，将相关智能语音技术运用于儿童科普益智平台的建设和研发中，极大地丰富了儿童群体的课外学习和娱乐生活，使其感受到科技创新的乐趣。

儿童益智科普文化平台的研发，在以智能语音交互为核心技术集成研发的基础上，实现面向社区用户的科技文化传播儿童益智类平台的建设，进而实现基于儿童益智平台的科普文化传播。平台互动产品展示，包括语音交互类、语言评测类及科普常识类产品图示及产品介绍说明的展示，具体如下。

（1）在语音交互类实体产品中可通过语音交互技术实现与儿童用户的诗词对答、人机对话、玩具讲故事等新颖的寓教于乐的学习方式。

（2）在语言评测类软件产品方面，核心技术采用科大讯飞语音云提供的语音合成引擎（TTS）和语音评测引擎（ISE），产品门户浏览器前端基于 HTML5 技术，采用 AngularJS 框架开发。儿童用户朗读一段语言类短文或字词等，将朗读录音提交至讯飞语音云评测引擎，即可实现对儿童的语音水平进行评测。在评测结束时评分，并给出相应的正确结果和错误提示（错误的发音和正确的发音用不同颜色进行区分）。

（3）在科普常识类产品方面，主要是在产品终端增加红外模块、显示模块、控制模块、语音模块、采集模块，以互动体验的方式，引导儿童理解科学知识，培养学习兴趣。在轻松愉快的学习氛围中向青少年教授科学知识，帮助儿童智力的开发与成长，更可提高儿童间的团队协作能力。

第六章
产业视角下新媒体科普发展

科普新媒体的迅猛发展，为相关产业的形成、发展起到了强大的助推作用。“万涓细水，终究汇流成河”，科普新媒体的运营经历着从无到有、从小到大的变化，不断地满足人们对科普文化的消费需求，具有无限的市场成长空间和发展想象空间。从产业的视角，我们可以从创新创业、企业孵化、产业链、产业集聚以及商业生态等产业实践及其相关理论切入，为科普新媒体的运营插上经济腾飞的翅膀！

正在发展中的科普产业、科技传播产业和数字创意产业对科普新媒体的运营发展战略、发展规划和发展路径提供了启发和有力支撑。科普新媒体的创新运营，无疑也会对科普产业、科技传播产业和数字创意产业的发展添上浓墨重彩的一笔！

第一节　科普产业中的新媒体运营

一、科普产业概述

（一）发展渊源与概念界定

2002 年推出的《中华人民共和国科学技术普及法》指出，“科普是公益事业……国家支持社会力量兴办科普事业……社会力量兴办科普事业可以按照市场机制运行”，科普文化产业的概念应运而生，它是为满足社会的科普文化需要、科普文化消费需求而产生的一种产业[①]。2006年国务院颁布的《国家中长期科学和技术发展规划纲要（2006—2020年）》则强调，“鼓励经营性科普文化产业发展，放宽民间和海外资金发展科普产业的准入限制，制定优惠政策，形成科普事业的多元化投入机制。推进公益性科普事业体制与机制改革，激发活力，提高服务意识，增强可持续发展能力”；在同期推出的《全民科学素质行动计划纲要（2006—2010—2020年）》中更为明确，“制定优惠政策和相关规范，积极培育市场，支持营利性科普产业，推动科普文化产业发展”。这里既使用了“科普文化产业”的说法，也首次提出了“营利性科普产业”的概念。

科普产业的界定也日渐明晰。它是以满足科普市场需求为前提，以市场机制为基础，向国家、社会和公众提供科普产品和科普服务的活动，以及与这些活动有关联的活动的集合；它是以一定文化基础的科普内容和科普服务为核心产品，由科普产品的创造、生产、传播和消费四个环节组成，为社会传播科学知识、科学思想、科学精神和科学方法，并创造财富、提供就业机会、促进公民科学素质提升的产业[②]。

这期间，地方的科普产业实践探索也在稳步展开。其中，安徽省是探索公益性科普事业与经营性科普产业并举机制的排头兵。安徽省是全国第一个出台了支持科普产业发展省级文件（2003年），第一个举办了科普产品博览交易会（2004年），第一个承办了中国（合肥）科普产业论坛，以及第一个成立了科普产品工程研究中心（2008年），第一个建立了科普产业园（2010年）的省份[③]，安徽省基于数字媒体的科普云应用实践也率先在国内开展和实施（2013年）。至此，安徽省形成了理论研究、产品研发、资源集散、产业集聚、市场培育、科普云建设、标准制定等领先全国的产业发展态势[④]。

（二）科普产业的分类

根据科普文化产品的公共性与否，劳汉生将科普文化产业划分为公益性科

① 劳汉生. 我国科普文化产业发展战略框架研究［J］. 科学学研究，2005（2）：213-219.

② 任福君，张义忠，刘萱. 科普产业发展若干问题的研究［J］. 科普研究，2011，6（3）：5-13.

③ 朱齐中. “产学研用”一体化“科普产业”谱新篇［N］. 安徽经济报，2013-11-18（3）.

④ 周建强. 安徽省科普产业发展调研报告［J］. 科协论坛，2015（2）：40-43.

普文化产业领域（如科技馆、博物馆、公益科普活动、农村科普示范基地、科普示范社区等）、准公益性科普文化产业领域（科普报纸、杂志和科技音像制品等）和商业性科普文化产业领域（如旅游区的海洋馆、陈列馆等）。

周建强和笔者组建的科研团队，按照已有的科普企业及科普产品种类，通过 2008—2012 年中国（芜湖）科普产品博览会入驻企业的调研和梳理，将科普产业分为科普展教、科普出版、科普教育、科普玩具、科普旅游、科普网络与信息 6 种业态。

任福君等依据科普产业的核心产品形态将科普产业分为 4 大类：科普内容产品产业、科普服务产品产业、科普内容产品相关产业、科普服务产品相关产业。其中，科普内容产品产业主要包括科普图书出版业、科普影视业、科普动漫业、科普玩具业以及科普游戏业等业态；科普服务产品产业主要包括科普展览业、科普旅游业、科普休闲娱乐业等业态。而科普内容产品相关产业则以生产和支撑的科普内容产品的完成和实现为核心环节，如科普用品、科普产品、科普设备以及相关设计、制造等产业业态及科普动漫的衍生品生产业。科普服务相关产品产业则包括了科普中介代理、广告、会展、服务、科普平台开发，与科普产品展示等相关的基础设施开发、建设和维护等业态①。

现阶段发展较快且有一定规模的业态有科普展教、科普出版、科普影视、科普网络信息、科普教育等②。其中，科普网络信息业是新兴的科普业态。2016 年，由政府投资建设的科普网站达 2975 个，截至 2017 年 6 月底，科普中国各栏目（频道）累计建设内容资源达到 11.91TB，科普图文近 12 万篇，科普视频（动漫）1 万个，科普游戏 155 款，累计浏览量和传播量达 97.95 亿人次，其中移动端为 70.50 亿人次，占比 71%。以科普内容为载体的游戏、浏览等则带来超百亿元的收入。

（三）科普新媒体业态

在科普产业的发展过程中，我们看到科普需求市场日益增大。科普新媒体与手机终端结合，可实现零距离供给的科普产品和科普服务，并在投资主体、

① 任福君，张义忠，刘萱．科普产业发展若干问题的研究［J］．科普研究，2011，6（3）：5–13.

② 王康友，郑念，王丽慧．我国科普产业发展现状研究［J］．科普研究，2018，13（3）：5–11，105.

运作方式、政府引导等多方面发生悄然的、深刻的变化，未来会带动巨大的信息消费。

投资主体多元化是科普新媒体运营的重要趋势。我们注意到，政府、事业机构（科技团体和基金会）是主要的投入主体由大众传媒、科技博物馆或科学中心、科技社团及其他科普组织组成的科普新媒体的运营主体也在逐渐形成。不少传统企业出于提升自身形象、长远发展需要和营利的目的，也以多种多样的形式参与科普新媒体的运营，成为科普新媒体发展的重要推动力量。而互联网企业往往作为平台型的载体，从用户需求、社会需求中发现了科普新媒体的价值，对科普产品和服务的投入也越来越多。

运作方式市场化是科普新媒体运营的主要手段。实践表明，市场化运作是疏通科普新媒体运营的投融资渠道、开拓消费市场、提高生产效率、改进产品服务质量及管理水平的关键。

政府引导规范化是科普新媒体运营的重要选择。当把发展科普事业纳入战略目标，政府对科普新媒体的运营也将高度重视。在科普新媒体市场的运作过程中，政府不仅是重要的投入主体，还构建了吸引社会力量投入和参与科普新媒体运营的机制和氛围。例如，在政府相关部门的主导下，“政产学研用”的实践创新体系也逐渐成形。

从科普产业的视角看来，新媒体运营仍然面临诸多挑战，亟需大量的理论研究来指导后续发展。这些研究包括数字媒体环境下科普产业发展规律，“互联网＋科普”发展的路径和创新，“互联网＋科普”规划研究和战略研究；新兴媒体环境下科普产业发展所需的配套政策，例如产业导向、税收优惠、财税金融、市场准入等政策；科普新媒体产品和服务的标准体系，以协助国家和企业制定科普新媒体产品和服务的标准；科普企业在互联网环境下的运行机制和商业模式。在上述基础上，更要创新科研管理模式，形成校内与校外相结合、科研院所和科普企业相结合的创新研究体系。

二、科普新媒体的产业链

科普新媒体领域的社正在分工正在不断细化，这样的社会分工不断生成与演进的过程，势必促成科普新媒体的产业链。科普新媒体的产业链是一系列围绕着科普工作开展新媒体实践的单位通过协同合作以获取价值而形成的链状结构。在科普新媒体的产业链条上，上游环节将产品与服务向下游输送，下游环节则将市场信息反馈给上游环节，其中存在着大量价值交换、信息共享等协同与共享关系，进而实现科普新媒体产业链的整体增值。

科普新媒体的运营贯穿其产业链增值过程的始终，内容较为复杂。因此本节从行业的视角出发，结合数字互动服务 2–3–6 模型研究科普新媒体运营工作的价值增长过程，以期在内容与渠道两个层面对科普新媒体产业链进行分析。

（一）科普新媒体的数字互动服务

1997 年，C. Schlueter 和 M. Shaw 提出了数字互动服务（简称 DIS）的概念。数字互动服务，即通过信息传输基础设施提供各种数字内容服务。信息基础设施包括电信网、互联网与广电网三网，而数字服务则涵盖了所有“比特”形态的数字产品与服务，例如各种数据、音频、视频、文本等。当前，数字互动服务广泛应用于各行业，而在新媒体环境下的科普工作即是以数字技术为基础设施，向公众提供互动性更强的科学传播服务。

C. Schlueter 和 M. Shaw 在此概念的基础上提出了数字互动服务“2–3–6”模型（2–3–6 concept in DIS），对于理解数字互动服务的整体结构及其价值链有指导意义。“2–3–6”模型由 2 条主链（内容链和基础传输设施链），3 个增值阶段及 6 个核心业务模块共同组成（图 6–1）。其中 2 条主链分为内容链与基

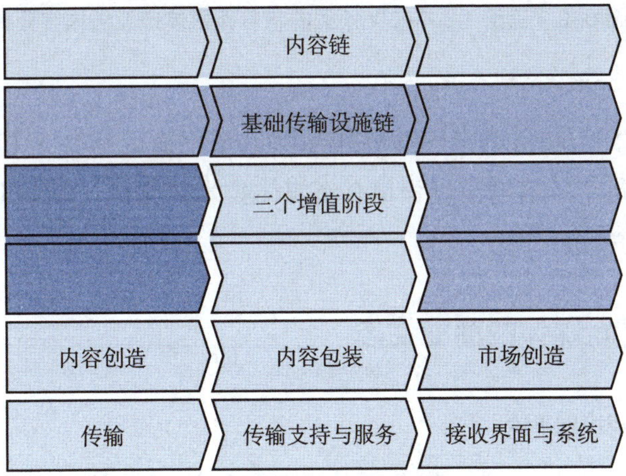

图 6–1　“2–3–6”产业价值链示意图

础传输设施链，综合考虑 2 条主链与 3 个增值阶段而形成的 6 个核心增值模块分别为内容创作、内容包装、市场创造、数据传输、传输支持与服务及接收界面与系统。与传统媒体手段的科普工作不同，新媒体形式的科普更多依赖于现代数字技术的发展，整个新媒体运营过程中的科普活动可以从这 6 个核心业务模块着手并实施，科普新媒体的发展除了内容增值链，还有支持科普新媒体发展的基础传输设施链。

（二）科普新媒体产业链增值过程

科普新媒体与一般的新媒体服务行业有所不同。首先，科普新媒体具有明显的公益性质。在第 3 个增值阶段的运营工作中，实践者应综合考虑市场应用与公益两个方面。其次，科普新媒体对科学性和知识性提出了更高要求，被普及的知识必然要有严谨的科学研究支持。最后，科普新媒体产业链的内容链包括数字科普内容创作、数字科普内容包装、公益传播 3 个增值过程，而基础传输设施链则包括数据传输、传输支持与服务以及终端设备与系统 3 个增值阶段（图 6–2）。

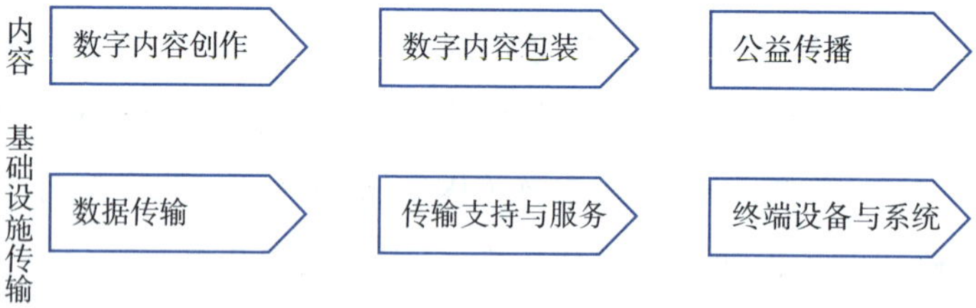

图 6–2　基于“2–3–6”模型的科普新媒体产业链内容分解

从横向上看，此模型中内容链和基础设施传输链都有 3 个价值增值阶段；从纵向上看，每个价值增值过程都有新媒体技术的支撑，每个阶段的参与者之间的关联性与交互性较强。

三、科普新媒体的商业生态

（一）产业共生理论

数字媒体技术与数字科普内容是科普新媒体运营的两个要件，内容为基础，技术为手段，正确把握内容与技术之间的关系，既不能一味地强调技术的引领作用，也不能一味地追求内容的自主性，从内容与技术的“共生共存”出发，科学谋划和有效开展科普新媒体活动，亦为科普新媒体产业共生之所在。

科普新媒体的发展可以在产业链上形成“共生”的格局。“共生”本意是指两种或多种生物之间因生存需要，按照某种模式互相依存地生活在一起，形成共同生存、协同进化的关系[①]。共生理论随着学科的发展和相互渗透，在社会科学领域也有了极其广泛的运用，衍生出了诸如共生哲学、共生经济、共生城市、共生建筑等共生概念[②]。科普新媒体的“产业共生”是指出于“互利”的目的，相关联的科普组织（企业或部门）之间通过一定的资源交换模式建立起互动关系和共栖空间的过程[③]。科普新媒体的产业共生是指该系统自组织、自发展、自和谐的过程，是科普新媒体产业进化的必由之路。科普新媒体的产业共生可在共生单元、共生模式、共生环境三大共生要素[④]上着力，进而用共生密度、共生界面、共生组织模式、共生行为模式来评价并推动科普新媒体产业共生关系的改善。

（二）商业生态系统

数字媒体时代科普产业开始步入“既分工又整合”时期。此时科普组织和机构的命运被绑在了一起，组成一个相互依赖的网络，共享相关的产品、服务和技术等，这也就意味着科普新媒体的发展要立足于商业生态系统的建设。某种程度上说，科普新媒体的产业共生将构建出一个新型的商业生态系统。

实际上，商业生态系统理论借用生物学中的生态系统的视角来描述产业集群中的企业活动。商业生态系统是一种新型的企业网络，它充分体现了企业间资源的相互协调和聚集，打破了传统的以行业划分为前提的竞争战略理论的限制，强调系统内的“共同进化”。

所谓的商业生态系统，就是由组织和个人所组成的经济联合体，其成员

---

① 洪黎民．共生概念发展的历史、现状及展望［J］．中国微生态学杂志，1996（4）：50-54.

② 吴钊．数字出版产业研究的生态学维度——基于共生理论［J］．出版发行研究，2015（7）：5-9.

③ 胡晓鹏．产业共生：理论界定及其内在机理［J］．中国工业经济，2008（9）：118-128.

④ 袁纯清．共生理论：兼并小型经济［M］．北京：经济科学出版社，1998.

包括核心企业、消费者、市场中介、供应商、利益相关者等，在一定程度上还包括竞争者，这些成员之间构成了价值链。不同的链之间相互交织形成了价值网，物质、能量和信息等通过价值网在联合体成员间流动和循环。不过，与自然生态系统的食物链不同的是，价值链上各环节之间不是吃与被吃的关系，而是价值或利益交换的关系，也就是说，它们更像是共生关系，多个共生关系形成了商业生态系统的价值网。

在商业生态系统中的企业，有四种可选择的基本运营战略，实际也是一个企业在生态系统中的四种定位——网络核心型、支配主宰型、坐收其利型和缝隙型。

其中，采取“网络核心型”战略的企业（如微软和沃尔玛）在商业系统中起着底层驱动作用。虽然它的存在一般并不引人注目，只在生态系统网络中占据少量节点，但它通过创造价值和与其他单元分享价值，保证了整个生态系统的稳定性、多样性和生产率，因此又被称为“核心物种”。

就现代科普产业而言，若想将其培养成健康的商业生态系统，进而形成产业集群的话，就亟需建立坚持“网络核心型”战略的核心企业。该类企业注重外部资源的管理，努力通过创造和利用遍布于网络中的重要资源和能力实现目标。这类企业将为生态系统提供关键服务、对新技术创新活动提供持续的投资和整合，建立并执行绩效标准，在信息的集中处理与沟通协调中降低不确定性，通过强有力的平台降低产业链运行中的不确定性和复杂性等。

第二节　科技传播产业视角下的发展空间

一、科技传播产业与企业孵化

（一）科普新媒体的拓展：科技传播产业

将科普新媒体的运营放在科普产业的架构中是一件自然而然的事。然而，科普产业是在我国科学技术协会支持下形成的一种产业的构想，其发展受到资源配置、市场规模和人才培养等一系列因素的制约。如果将科普新媒体的发展置身于更为宏观的视域，更为有机的整体中，其发展的格局也会渐次放大。这时我们可关注一个新兴的科技传播产业①。

科技传播是人类交流科技信息的一种社会行为，是人与人、人与其所属的群体和社会之间，通过某种媒体进行科技信息传播、接受和反馈行为的总称②。科技信息包括了科学发现、技术发明和新知识等科技成果的信息。而信息技术与科技信息相互融合、相互促进，既包含利用先进的技术进行科技信息传播的方面，又包含对新技术、新应用的普及和传播。利用先进的技术进行科技信息的传播，可生产出更富有趣味、互动性的产品形式，如科技馆的球幕剧场，增强现实，虚拟现实产品等。对新技术和新应用的普及，包括了以信息技术为手段的科技传播创新信息网络的建设，以及在线科学教育和培训平台的建立。

信息技术能够与“以用户为中心”“以人为本”“以用户需求为驱动”的理念有效结合，并以此为契机摧生大量的创新，从而推动科技传播产业的发展③。笔者承担的“信息化条件下科技传播产业的创新发展研究”国家软科学项目（2014GXS4B070）指出，科技传播产业不同于传统的科普产业，科技传播产业致力于解决科技交流的全盘问题。这一全盘问题不仅包括向公众进行科学传播教育的科学普及，更包括了科学家之间进行的专业交流，利用规范性的教育方式向受教育者传播科技知识与方法的科学教育，面向政府、企业和社会部门等知识应用组织进行科学知识和技术的转移、推广、示范以及应用的技术推广等方面。

也就是说，科技传播产业的第一子类是专业交流，如学术论文数据库的应用与运营，确保科研人员之间在专业领域内实现知识与技能的发布与共享。其中，开放存取（Open Access, 简称 OA）国际学术界、出版界、图书情报界为了推动科研成果的互联网自由传播而采取的行动，其目的是促进科学及人文信息

① 翟杰全. 科技传播研究与其基本方向［J］. 科学管理研究，1999（3）：68-70.

② 田小庆. 科技传播障碍及其对策分析［D］. 成都：西南交通大学，2006.

③ 毛刚，贾志雷，马卓. Web 2.0 环境下的科学传播技术及应用［J］. 科普研究，2012，7（6）：54-59，70.

的广泛交流，促进利用互联网进行科学交流与出版，提升科学研究的公共利用程度、保障科学信息的保存，提高科学研究的效率[①]。

科技传播产业的第二子类是科学教育，是指利用规范性的教育方式向受教育者传播科技相关知识与方法的过程，使受教育者掌握科学技术专业知识，学习知识创造的方法，获得运用知识的基本能力，成长为具备科学技术知识素质和有专业发展潜质的人才。在科学教育中可视化技术的运用成为新的发展趋势。

科技传播产业第三子类是科学普及，指面向普通民众的科学传播过程，旨在使公众理解科学技术，掌握必要的科学技术知识，提高公众的科学技术素养，具备参与科学技术发展与应用政策讨论的知识基础，其内容包括数字科技馆、科普社交媒体、动漫等数字化科普产品。

科技传播产业的第四子类是技术推广，即企业和社会部门等知识应用组织，通过技术转移、推广、示范以及应用组织的技术学习、采用等过程推动的科学技术知识传播活动。如在科技传播产业的生产过程中，开发和运营知识产权的交易平台等活动。2017 年 1 月，浙江省科技传播协会成立，它坚持"创业创新，实现科技成果转化最后一公里"的宗旨，与浙江省各市县科技部门联合举办科普活动，扶持大学生创业创新，为企业转让和引进科技创新成果提供服务。该协会既突出了"群众性"，即向科技传播从业人员、爱好者传授科普的理念、知识、方法和技能，致力于提高公众科学素养，又强调了"服务性"，即为会员单位和个人提供科技传播相关的政策咨询、能力培训、工作协调等服务，开展相关学术研讨、交流等活动，是我国首家专业从事科技信息传播、科技成果转化的省级协会。

实际上，文化与科技融合业态正是文化产业和高新技术产业的交集，科技传播产业是文化与科技融合业态中的一个子集（图 6–3）。

① 李武，刘兹恒．一种全新的学术出版模式：开放存取出版模式探析［J］．中国图书馆学报，2004（6）：67–70.

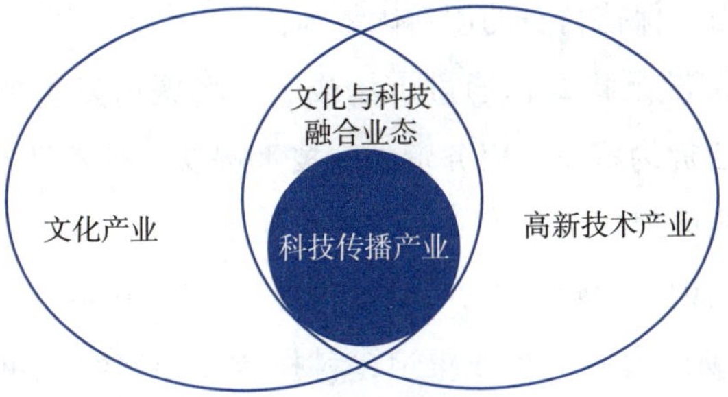

图 6-3　科技传播产业的范畴

（二）科普新媒体的企业孵化

科普新媒体企业的孵化器是一种特殊的经济技术组织形态，是培育科普新媒体企业的企业，以发现创业者的潜在价值，培育初创企业的市场价值为宗旨，从而实现科普新媒体企业孵化器自身的增值。科普新媒体企业孵化器主要作用是向创业者和科普新媒体初创企业提供综合性基础设施，提供资金支持和良好的创业环境，提供完善的咨询和培训服务①。科普新媒体企业孵化器能有效降低成本，提高成功率，促进科普科研成果转化，培育科技型企业和企业家。在科技传播产业领域中，孵化器可聚焦专业交流、科学普及、科学教育和技术推广等领域，在创造就业机会、推动区域经济增长、提供企业改革的新路径、改善经济结构、完善国家和区域创新体系等方面发挥着重要的作用。科普新媒体的企业孵化器，从属于科技传播企业孵化器，会有更好的信息融合优势、资源汇聚优势以及整体品牌优势，发挥着知识辐射功能和统筹组织功能。

二、科普联盟与协同创新

经济全球化环境下，创新越来越具有开放性，科普知识的创造、创新和应用部门之间需要构建开放式的协同创新。协同创新是以知识增值为核心，为帮助企业、政府、知识生产机构（大学、研究机构）、中介机构和用户等实现重大科技创新而开展的大跨度整合的创新组织模式。一个组织有了资源挖掘和资源整合能力，就可以通过开放式创新整合不同的创新资源，实现自身的研究目

① 黄涛. 我国科技企业孵化器产业化研究［D］. 武汉：武汉大学，2005.

标，提升创新能力，保持自身的创新优势地位。①

同时，知识扩散是指知识通过市场或非市场渠道发生的流动、传播与采用。市场渠道包括货物贸易、服务贸易、技术贸易、技术开发合作以及直接投资等形式。非市场渠道包括学术交流、人才流动、人际接触、教育培训以及其他媒体形式。从知识管理角度看，知识扩散是知识生产的必要条件之一。②利用知识扩散的市场渠道和非市场渠道，科技传播网络组织可以进行探索式学习，获得突破性创新所需的创意灵感和前沿的信息，更有效地获得创新所需的互补性知识，实现科普技能的转移和扩散。例如，中国科学院于2004年成立了由近百个研究机构加入的网络科普联盟，包括中科院计算机网络信息中心、武汉植物园、西双版纳热带植物园、国家天文台、国家授时中心、昆明动物所、武汉病毒所等网络科普基础较好的机构。联盟旨在使中国科学院丰富的科学资源在统一平台上实现共享和有效整合。此外，中国科学院还成立了天地生科学文化传播中心、天文科普网络委员会、标本馆科普网络委员会、植物园科普网络委员会等科普联盟。

2018年6月，在中国产学研合作促进会的支持下，中国科普产学研创新联盟成立大会在北京举行③。该科普联盟整合了北京中科科技创新发展研究院和中国化学会、中国天文学会、中央美术学院、中国宋庆龄青少年科技文化交流中心、中国科学院青年创新促进会、北京市海淀区中关村第二小学、未来菁英国际教育科技（北京）有限公司等百余家单位。该联盟的任务包括：开展科普产品创新与核心技术研发，搭建科普供需两侧对接共赢平台，推进制定科普产业行业规范及产品标准化，加速科普队伍的能力建设，推动科普进校园、进社区、进农村，推进科普惠民服务，研发和应用新技术，协助建设科技馆、博物馆，推动传统媒体与新兴媒体深度融合创新科普，积极促进科普创作，布局和开展科普效益效率的评价工作，进而让企业、机构、学校、社区、人才、设施、资金都充分活跃起来，形成科普的强大合力，促进科普

① 李黎. 我国科普产业协同创新发展研究［D］. 合肥：中国科学技术大学，2014.

② 王世辅. 开放条件下的知识扩散与经济增长［D］. 成都：西南财经大学，2000.

③ 新时代新平台新科普——中国科普产学研创新联盟在京成立［J］. 中国科技产业，2018（6）：56-57.

产业化和大众化。

三、新媒体研究院："文化科技类企业孵化器"的探索

中国科学技术大学先进技术研究院新媒体研究院是中国科学技术大学先进技术研究院与皖新传媒共同打造的文化科技类企业孵化器，聚焦科技传播、科学教育、数字出版等领域，致力于集聚和培养科技传播产品研发和技术服务人才，孵化数字出版、数字教育创业项目，最终建设成为国际化的国家级文化科技企业专业孵化平台。

这一平台发挥了中国科学技术大学先进技术研究院和安徽新华传媒股份有限公司各自的资源优势，通过营造适合创新创业的优化环境，聚集了一批文化科技类初创型企业，设计和推动了一批重大项目，形成集人才、技术、产业、金融服务于一体的产业孵化模式，助推"大众创业、万众创新"。同时，以孵化器为载体，将培养科技创业人才，构建并完善创业服务网络，持续培养、造就具有创新精神和创业能力的创业领军人才，吸引海内外科技创业者服务于创新型国家建设。

在硬件方面，中国科技大学先进技术研究院协同皖新文化科技创业中心提供主要的场地设施，包括中国科技大学先进技术研究院、皖新文化科技创业中心、洪泰（中安）创新空间、合肥包河区省级创意文化产业集聚发展基地等。项目孵化的企业不受限于固定的物理位置，在以上几处孵化场地均有分布；在人才团队建设方面，孵化平台依托先进技术研究院聘请企业家组建导师库提供全方位辅导，同时进行人才的引进及培养工作，形成了一支能对最新科学进展深入浅出提炼策划、对公有领域科学内容深度系统化微课程开发、对科普新媒体采用云技术持续开发并付诸应用、不断提升实践技术能力的学习型、创新型的孵化服务团队。皖新文化科技创业中心建设了教育新媒体产品工程研究中心、中国科大—皖新传媒新媒体创新实践教育基地、集团博士后科研工作站，从而打造新媒体人才培养中心；在投资资金建设方面，皖新传媒和以色列著名高科技创业孵化器运营企业——施拉特公司共建了国内第一个"中以数字教育基地"，并成立了中以数字教育投资基金。皖新传媒联合南京金智创业投资有限公司及社会其他投资者成立皖新金智科教创业投资基金，投资重点是教育与

科技融合的创新项目。项目专门设立了数字教育产业投资基金，覆盖移动互联网、文化传媒、数字教育、物流、文化消费、国学培训、游戏等文化及相关领域。

截至目前，平台孵化了包括众人数字、庭聚传媒、新知数媒、习悦教育、天启融合、正恩科技、识微数字、五峰杰传媒等在内的一批文化科技类企业与项目。

该平台主要专注于数字教育与数字出版、科普文化产业、公益新媒体和视听新媒体四大研究方向的全要素孵化，并已由技术研究迈向产业应用。在数字教育与数字出版领域，通过获取出版社优质教材的电子版授权、与出版社合作开发优质教材的数字版或者原创教材内容的方式，研发了数字可视化教科书。主要成果有新知数媒首发产品仟问化学系列《美丽化学·高中化学核心概念》课程、新知数媒研发并设计的与《高中化学》配套的 AR（增强现实）数字教辅、美丽科学目前致力于探索研发的基于 VR 头显体验的教育 360°视频，以及互动体验作品、AR 图书《消失的世界》等；在科普文化产业领域，先进技术研究院不断探索类似《美丽化学》项目的产业化道路，扶持并孵化了一批文化与科技融合的企业。其成果主要体现在：新媒体化学科普项目《美丽化学》、“图说科学”——科学美图征集大赛、国内外世界前沿科学成果可视化设计、《水性科技科普纪录片》等；在公益新媒体领域，该孵化平台与 MIT 媒体行动实验室合作，共同推进 NGO2.0 公益项目的建设以及面向全国 300 多家公益机构的新媒体技术培训。《互联网 + 公益——玩转公益新媒体》作为公益领域的新媒体培训教材，是 NGO2.0 项目累积过去六年在全国推广“互联网 + 公益”的理念和实践的成果结晶；在试听新媒体方面，该平台在开发虚拟舞台 3D 素材库的基础上进行了技术集成并建立 3D 舞台，使现代科技手段与传统戏剧表演有机融合，减少传统道具、背景等的制作和运输成本，同时持续不断地提升戏剧文化产品的品质和活力，为观众带来全新的舞台视听享受。

平台创新之处主要包括以下几个方面。

（1）立足于产业生态的机制创新。项目依托承建单位的特色资源和优势，着眼于产业生态，把科技、创业者、资本、市场等各种资源有效地组织起来。孵化器对数字出版、数字教育产业链中的上游内容生产、中游技术集成与服务、下游市场与咨询等均有涉及，形成了具有鲜明特色的数字新媒体创业生态圈。项目采用创业导师与企业对接指导的方式，对企业进行战略制定、融资对接、市场拓展等创业辅导，成为整合投资人、企业家和服务创业者的服务平台。皖新传媒通过支持创业孵化，为自身的产业发展进行投资布局，也形成了自己的生态系统。通过将自身的资本与渠道优势向创业者开放，皖新传媒帮助上下游不同创业者实现梦想，而这些多元化的生态圈又各自培养出新的创业群体。

（2）校企合作资源共享的服务创新。此平台由中国科技大学先进技术研究院与皖新传媒合作共建，双方共同推动相关领域的核心技术攻关，与此同时，为在孵企业寻求与国际知名企业合作的机会，在技术研发、市场推广、融资方面提供支持。皖新传媒强有力的资本支持与中国科技大学先进技术研究院的科研与技术优势得到充分共享，专注于数字教育与出版等新媒体领域的技术与产品研发，为在孵企业提供全方位的服务。

（3）文化科技产业孵化的模式创新。皖新传媒是安徽省属骨干文化企业，也是全国发行行业首家 A 股上市企业，市值位居 6 家境内外发行业上市公司第一位。皖新传媒业务范围覆盖文化消费、教育服务、物流、产业投资等领域，在安徽、江苏、上海等地拥有 630 多个发行网点。通过资本市场与实体经济的两轮驱动、传统主业的提升与转型，皖新传媒将成为全国最大的文化教育科技综合传媒集团，完成从传统的文化物流企业向互联网平台企业的转型。皖新传媒和先研院合作共同建设文化科技类孵化器，有助于激活科技创新的动力和活力，围绕省市文化产业的发展，聚集一批文化科技类初创型企业，设计和推动一批重大项目，形成集人才、技术、产业、金融服务等于一体的产业孵化模式。

（4）战略合作共赢的开放创新。项目依托中国科技大学的名校资源，为在孵企业建立了与美国麻省理工学院、Concord Consortium、新华社、沪江网等机构的国内外战略合作关系，推介在孵企业和科大师生的科技成果。皖新传媒也与以色列科技企业孵化机构——以色列施拉特有限公司结成了战略合作伙伴关系，双方共同发起成立中以数字教育投资基金和中以数字教育产业基地，投资基金重点支持在先研院孵化的具有市场前景的文化科技型企业。

基于产业孵化理论视角的中国科学技术大学先进技术研究院与皖新传媒共同打造的文化科技类企业孵化器为科技传播产业提供了一条创新路径。首先，在科技传播产业职能的专业交流方面，中国科技大学先进技术研究院协同皖新文化科技创业中心与国内外高校对接，实现了企业内部高新技术人员与高校科研人员的专业交流，有助于实现科研成果从高校科研机构到企业产业化应用的转化。其次，在科学教育和科学普及方面，皖新文化科技创业中心建设教育新媒体产品工程研究中心、中国科技大学—皖新传媒新媒体创新实践教育基地、集团博士后科研工作站，打造新媒体人才培养中心，实现了科研人才的对口式培养，这一文化科技企业孵化平台主要聚焦数字出版、数字教育、数字科技与服务等领域的产品研发和推广，因此在科学教育和科学普及方面，成果众多，成效显著。最后，在技术推广领域，平台与国内外多家研究机构、企业合作，结合创新特性，深化成果的应用与推广，规范知识产权认证，打造优势品牌，通过线上线下多渠道融合，丰富成果应用场景，再依托媒体宣传报道，实现了科研成果的产业式转化发展。总之，从科技传播产业的四大职能角度分析，中国科学技术大学先进技术研究院与皖新传媒共同打造的文化科技类企业孵化器的创新模式在专业交流、科学教育、科学普及、技术推广四大方面均有创新举措且成效显著，是科技传播产业发展的优秀范例，值得传统科技传播类企业借鉴学习，通过与高校科研机构，金融机构、大型科技创新型企业合作，创建科创产业园区，为孵化的企业打造优质服务，助推科技传播产业发展。

第三节　数字创意产业视角下的发展空间

一、数字创意产业与科普新媒体

2016 年 3 月 5 日在第十二届全国人民代表大会第四次会议上，国务院总理李克强在《政府工作报告》中提出：“加强供给侧结构性改革，增强持续增长动力”并首次提出了“大力发展数字创意产业”。数字创意产业以文化创意与创新设计为核心，以数字技术和先进理念为推动，深度融合文化科技及相关产业的经济发展业态。同年,《国民经济和社会发展第十三个五年规划纲要》中明确列出了数字创意产业作为我国的战略性新兴产业之一，计划打造成产值 8 万亿元的新兴支柱产业，并从技术和装备、内容与形式、设计水平以及产业融合的角度给出了发展路径。发展数字创意产业，将为转变经济发展方式、促进消费增长、繁荣群众文化生活、引领社会风尚提供有力支撑和有效供给①。

数字创意产业根据产品开发的技术手段和产出成果的数字化程度，可以分为设计服务、文化创意（内容）、传统艺术与手工艺三类。其中，内容与设计服务可直接利用数字化工具开发数字化产品，成为数字创意产业的核心领域（图 6–4）。在科普新媒体领域，科普场馆的实体展品和展项、科普文创产品与传统艺术与手工艺相对应；包含工业设计、建筑设计和广告设计的数字化设计服务在科普展览的总体设计、企业科普方面大有作为；而科普文化创意借助数字化的工具和数字化的呈现如虎添翼，具有广阔的发展空间。

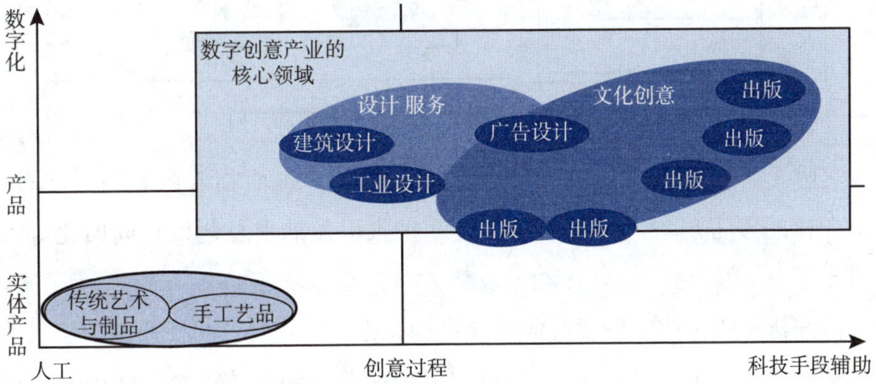

图 6–4　数字创意产业的主要构成

进一步地，设计服务、数字内容、文化产品均可通过数字创意服务平台提供，如文化大数据、内容资源平台等，而数字创意产业的技术基础包括了核心技术、相关装备及其标准（图 6–5）②。这使数字创意产业在具备自身产出的基

① 中国工程科技发展战略研究院. 中国数字创意产业发展现状、机遇与挑战［J］. 科技中国，2017（4）：29–37.

② 王博，张刚. 中国数字创意产业发展研究——基于产业链视角［J］. 中国物价，2018（3）：25–27.

础上，同时具备为科普产业服务的能力。多样化的科普文化创意产业可以与包括数字影视、动漫、VR/AR、网络文学、创意设计、游戏以及在线教育七大细分领域结合，通过新产品、新服务、新商业模式和交叉融合的新型业态，形成全新风貌的数字科普创意产业。

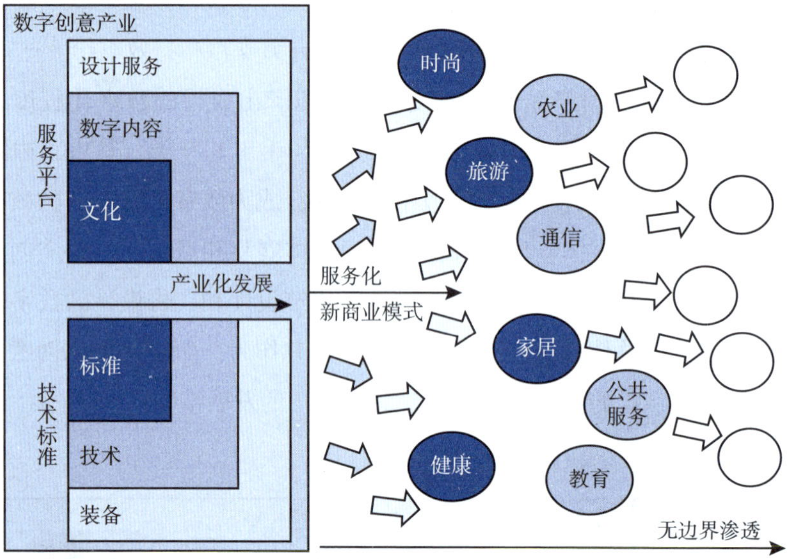

图 6–5　数字创意产业的构成与发展方向

实际上，数字创意产业在科普领域的渗透，也面临着内容与形式单一、知识产权的侵害现象严重、产业园过度扩张引发的重复建设和同质化等发展问题①。

科普新媒体在数字创意产业领域也拥有极好的优势：将优质的数字科普文化创意产品用于 IP 运营，甚至通过“一带一路”倡议传播至沿线国家乃至全世界；充分运用人工智能、计算机辅助造型、虚拟现实、3D 显示与打印、新型 3D 建模开展科普产品和服务的设计与开发；软硬件结合成为科普展品、产品生产和销售的主流趋势。在“硬件铺路，内容为王”的原则下，越来越多的企业以“软硬兼施”为手段，不断创新数字创意硬件设备，日益丰富数字文化

① 汤永川，刘曦卉，王振中，等. 数字创意产业向其他产业无边界渗透［J］. 中国战略新兴产业，2017（9）：70–74.

创意内容和形式，通过提供源源不断的高质量内容满足多样化消费需求[①]。

二、以产业集群为导向建设和发展产业园区

产业集群作为世界经济中颇具特色的产业经济组织形式，可充分调动产业集群内企业的互动与交流，形成和发挥规模经济和范围经济的效应，同时亦可产生强大的溢出效应，带动一个地区乃至一个国家经济的发展。

产业园区，简单来说就是大量企业在某一特定区域的集中。但大量企业在地理位置上的集中及其之间公共物品、信息、设施的共享并不必然产生和发挥集聚效应。因此，无论是科普产业、科技传播产业、数字创意产业均可以在相关政策的支持下建立产业园区。园区的建设和发展有赖于园区企业的产业关联性或业务关联的协同效应的形成和发挥，即集聚效应的发挥。园区建设应以产业集群为目标和导向，以“产业链—产业集群—产业园区”为主线，积极培育适合产业发展的市场和政策条件，深化诸如市场服务、技术开发、区域创新、政府支持等的产业园区建设和发展的外部支撑体系。

举例来说，全国首个科普产业园——中国（芜湖）科普产业园于 2010 年 11 月在安徽省芜湖市创建，是集科普创意产业与高新科技创新产业为一体的新型园区，入驻企业主要为科普产品研发、生产以及销售的企业。园区整体规划包括科普产品研发设计中心、文化交流展示区及商务休闲中心等区域[②]。该产业园得到芜湖市在资金扶持、税收减免、人才引进、土地使用、物业管理、后勤保障等方面的一系列优惠政策和措施，数十家创意、研发、制造关联度高的企业入园发展，规模初具[③]。

数字创意产业园如雨后春笋般出现，至 2015 年，全国数字创意产业园区数量达到 2506 家。实际上，诸多园区建设同质化现象较为严重，出现主导产业不清晰、有企业无产业、缺乏领军企业等问题，从而导致产业园区的集群效

---

① 张振翼，陈洪，张静，等. 数字创意产业：内容是核心动力没有硬件的内容是纸上谈兵［J］. 中国战略新兴产业，2018（33）：67–69.

② 周荣庭，潘琳. 科普产业园发展及对策研究——以安徽芜湖为例［J］. 科普研究，2012，7（3）：60–63，96.

③ 周建强. 安徽省科普产业发展调研报告［J］. 科协论坛，2015（2）：40–43.

益不够明显。如何引入真正优质的创新资源和完善的运营模式，实现产业升级，是这类数字创意产业园区需要突破的难题[①]。在这样的环境下，科普新媒体产业园有望在合适的条件下获得培育并得以成长。

① 王星平．数字创意产业园同质化瓶颈有待破解［EB/OL］．（2017-04-25）［2017-04-25］．http://www.ce.cn/culture/gd/201704/25/t20170425_22301923.shtml.

参考文献

[1] 亚历山大·奥斯特瓦德，伊夫·皮尼厄．商业模式新生代［M］．王帅，毛心宇，严威，译．北京：机械工业出版社，2011.

[2] 谭云明．新媒体策划运营与舆情应对［M］．北京：中国经济出版社，2017.

[3] 唐兴通．引爆社群：移动互联网时代的新 4C 法则［M］．北京：机械工业出版社，2015.

[4] 江晓原．科幻电影指南［M］．上海：上海交通大学出版社，2015.

[5] 袁纯清．共生理论：兼并小型经济［M］．北京：经济科学出版社，1998.

[6] 李少加．进化式运营：从互联网菜鸟到绝顶高手［M］．北京：电子工业出版社，2016.

[7] 周荣庭．运营数字媒体［M］．北京：科学出版社，2012.

[8] 王春林．科技编辑大辞典［M］．上海：第二军医大学出版社，2001.

[9] 徐晋．平台经济学：平台竞争的理论与实践［M］．上海：上海交通大学出版社，2007.

[10] RIFKIN J．零边际成本社会：一个物联网、合作共赢的新经济时代［M］．赛迪研究院专家组，译．北京：中信出版社，2017.

[11] BURDEA G C，COIFFET P．Virtual Reality Technology［M］．Hoboken，NJ:

John Wiley & Sons，2003.

[12] JENKINS H. Convergence Culture Where Old and New Media Collide [M]. 北京：商务印书馆，2012.

[13] MCCORMICK B H. Visualization in Scientific Computing [J]. Computer Graphics，1987，21 (6).

[14] KITCHEN P J，SCHULTZ D E. IMC–a UK ad'agency Perspective [J]. Journal of Marketing Management，1998，14 (5)：465–485.

[15] MORRIS M，SCHINDEHUTTE M，ALLEN J. The Entrepreneur's Business Model：toward a Unified Perspective [J]. Journal of Business Research，2005，58 (6)：709–735.

[16] OSTERWALDER A，PIGNEUR Y，TUCCI C L. Clarifying Business Models：Origins，Present，and Future of the Concept [J]. Communications of the Information System，2005，15 (5)：1–25.

[17] HAMEL G. Innovation as a Deep Capability [J]. Leader to Leader，Winter，January，2003，27(1)：19–24.

[18] IBRAHIMA N，Verliyantina D. The Model of Crowd Funding to Support Small and Micro Businessesin Indonesia Through a Web–based Platform [J]. Pro–cedia Economics and Finance，2012，(4)：25.

[19] GILES J. Finding philanthropy：Like it? Pay for It [J]. Nature，2012，481(7381)：252–253.

[20] PEPPERS D，ROGERS M，DOFF B. Is Your Company Ready for One–to–one Marketing? [J]. Harvard Business Review，1999.

[21] BENNETT G，JESSANI N. The Knowledge Translation Toolkit：Bridging the Know–Do Gap：A Resource for Researchers [M]. New Delhi：Sage India：IDRC，2011：78.

[22] KLIMMT，HEFNER，VORDER，et al. The Video Game Experience as True Identification：A Theory of Enjoyable Alterations of Players' Self–perception [J]. Communication Theory，2010，19 (4)：351–373.

[23] HOMAS M，CONNOLLY，ELIZABETH A，et al. A Systematic Literature Review

of Empirical Evidence on Computer Games and Serious Games [J]. Computers & Education，2012，59：661-686.

[24] DAY G. Wharton on Managing Emerging Technologies [M]. Hoboken，NJ：John Wiley & Sons，2000.

[25] ROTOLO D，HICKS D，MARTIN B R. What Is an Emerging Technology? [J]. Research Policy，2015，44（10）：1827-1843.

[26] CSIKSZENTMIHALYI M，CSIKSZENTMIHALYI I. Beyond Boredom and Anxiety [M]. San Francisco：Jossey-Bass，1975.

[27] 张贺贺. 知乎社区的内容运营策略研究 [D]. 保定：河北大学，2016.

[28] 曹雨骋. 知乎网科技传播研究 [D]. 长沙：湖南大学，2018.

[29] 邓莉丽. 消费文化视野下社会化问答社区的知识传播研究 [D]. 南京：南京师范大学，2017.

[30] 吕婷. 新媒体环境下《中国国家地理》的经营策略研究 [D]. 兰州：兰州大学，2015.

[31] 徐恒儒. 意见领袖影响下的微博公益裂变式传播过程研究 [D]. 长春：长春理工大学，2016.

[32] 张晓莉. 基于人格化过程的品牌个性整合传播策略研究 [D]. 北京：北京工商大学，2016.

[33] 樊狄. 微信公众号“五星街 22 号”旅游自媒体社群化营销研究. [D]. 西安：西北大学，2017.

[34] 陈鹏. 新媒体环境下的科学传播新格局研究 [D]. 合肥：中国科学技术大学，2012.

[35] 马兰. 基于“互联网 +”的中美英科普网站内容及表现形式的比较研究 [D]. 重庆：西南大学，2018.

[36] 罗洋. 科普网站用户满意度调查与研究 [D]. 武汉：华中科技大学，2017.

[37] 贾欢欢. 我国科普网站的现状、问题及对策研究 [D]. 武汉：华中科技大学，2015.

[38] 刘相法. 基于移动应用的科学传播特征与策略研究 [D]. 合肥：中国科学技术大学，2013.

[39] 曾明瑛. 中国严肃游戏的娱乐教育发展策略研究 [D]. 成都：电子科技大学，2011.
[40] 阴鑫. 中国博物馆文化创意产品开发研究 [D]. 开封：河南大学，2016.
[41] 田小庆. 科技传播障碍及其对策分析 [D]. 成都：西南交通大学，2006.
[42] 黄涛. 我国科技企业孵化器产业化研究 [D]. 武汉：武汉大学，2005.
[43] 李黎. 我国科普产业协同创新发展研究 [D]. 合肥：中国科学技术大学，2014.
[44] 王世辅. 开放条件下的知识扩散与经济增长 [D]. 成都：西南财经大学，2000.
[45] 匡文波. 关于新媒体核心概念的厘清 [J]. 新闻爱好者，2012(19)：32-34.
[46] 尹霖，张平淡. 科普资源的概念与内涵 [J]. 科普研究，2007 (5)：34-41，63.
[47] 中国科协科普部. 科普信息化建设有力推进科普中国扬帆起航 [J]. 科技传播，2014，6 (23)：3.
[48] 徐静休，朱慧. 新媒体时代提升科普传播效果的对策与建议——以科普新媒体 "科普中国" 和 "果壳网" 为例 [J]. 传媒，2018 (18)：54-57.
[49] 谭文华，科普资源共建共享的机制、模式与途径 [J]. 中国科技资源导刊，2013 (2)：33-36，48.
[50] 周荣庭，黄堃. 科普产品的数字化创新 [J]. 科普研究，2008，3 (5)：33-37.
[51] 杨文志. 科普信息化建设新思维和新理念 [J]. 科技导报，2016，34 (12)：14-17.
[52] 吴江江. 国外公民科研的科学传播模式研究 [J]. 新闻世界，2013 (7)：311-314.
[53] 周荣庭，何登健. 基于群体博客科普的组织传播研究 [J]. 今传媒，2011，19 (9)：16-19.
[54] 李欣辰. 协同学视角下的科学松鼠会 [J]. 艺术科技，2015，28 (9)：293.
[55] 周荣庭，何登健，管华骥. 参与式科普：一种全新的网络科普样式 [J]. 科普研究，2011，6 (1)：11-14.

[56] 李健民，刘小玲．科普能力建设：理论思考与上海实践［J］．科普研究，2009，4（6）：35–41．
[57] 孟韬．网络社会中“产消者”的兴起与管理创新［J］．经济社会体制比较，2012（3）：205–212．
[58] 黄桂萍，王安荻．从《博物》的新媒体运营看科普类杂志的品牌塑造策略［J］．中国科技期刊研究，2016，27（12）：1334–1338．
[59] 郭全中．全程全息全员全效媒体创新探析［J］．中国出版，2019（4）：9–13．
[60] 沈正赋．“四全媒体”框架下新闻生产与传播机制的重构［J］．现代传播，2019，41（3）：8–14．
[61] 周荣庭，方可人．超媒体叙事下图书出版物创新模式研究［J］．科技与出版，2015（7）：106–110．
[62] 童云，周荣庭．论有声读物的用户需求及其超媒介生产策略［J］．现代传播，2018，40（5）：103–109．
[63] 孙松，周荣庭，何同亮．超媒介叙事视角下的动漫 IP 出版策略研究——以奥飞娱乐为例［J］．科技与出版，2016（5）：19–22．
[64] 刘知函．选题创意法律保护的路径研究［J］．科技与出版，2016（9）：55–59．
[65] 李雪，黄崇亚，邱文静，等．科普期刊全媒体出版创意探析［J］．编辑学报，2015，27（3）：210–213．
[66] 秦枫，周荣庭．网络文学 IP 运营与影视产业发展［J］．科技与出版，2017（3）：90–94．
[67] 张晓颖，韩轶，王以豪．基于 5W 传播模式的中科院微信公众平台研究［J］．今传媒，2017,（7）：15–18．
[68] 任健．从“三次售卖”到信息服务多业态平台化集成提供——对期刊商业模式创新中支撑因素的探析［J］．新闻大学，2012（1）：62–66．
[69] 周荣庭，周宏远．数字化时代科普文创产品的设计与传播研究［J］．自然科学博物馆研究，2019（1）：20–26，84．
[70] 李雅筝，周荣庭．科普新利器：基于时事热点内容创作的科普微视频——以飞碟说《雅安地震特辑》为例［J］．科技传播，2014，6（2）：220–222．

［71］雷鸣，袁瑞芳．我国增强现实类儿童科普读物的出版策略［J］．出版广角，2017（6）：49–51．
［72］周荣庭，王中贝．虚拟现实出版物制作应用原则探究［J］．中国出版，2018（16）：29–35．
［73］周荣庭，胡贤凤．AR科普图书的整合营销传播策略探析——以《未来机械世界》为例［J］．科普研究，2019，14（2）：11–17，104．
［74］刘晓强．科学可视化的研究现状与发展趋势［J］．工程图学学报，1997（Z1）：128–134．
［75］王国燕，汤书昆．传播学视角下的科学可视化研究［J］．科普研究，2013，8（6）：20–26．
［76］周荣庭，方可人．关于科普游戏的思考——探寻科学普及与电子游戏的融合［J］．科普研究，2013，8（6）：60–66．
［77］任慧，曹珊，李巍霞．媒介内容产业生产趋势、困境与治理机制研究——基于新媒体传播生态的思考［J］．现代传播，2014，36（12）：57–60．
［78］徐静休，朱慧．新媒体时代提升科普传播效果的对策与建议——以科普新媒体“科普中国”和“果壳网”为例［J］．传媒，2018（18）：54–57．
［79］刘冰．新媒体变革——跨入人本传媒时代［J］．传媒，2012（2）：18–19．
［80］俞敏，刘德生．科普期刊全媒体融合发展典型案例解析［J］．现代出版，2017（1）：49–52．
［81］余晓阳，张金海．传统媒体的数字化转型与新媒体的平台化发展——基于双边市场理论的经济学分析［J］．新闻界，2012（5）：61–66，80．
［82］吴月辉．科普可以娱乐化吗［J］．青年记者，2017（25）：5．
［83］初广志．整合营销传播在中国的研究与实践［J］．国际新闻界，2010（3）：108–112．
［84］童云，周荣庭．数字出版营销模式演变的人文进路［J］．出版广角，2019（5）：29–32．
［85］高辉，赵颖．科普杂志的新媒体营销策略探析——以《博物》杂志为例［J］．中国出版，2017（9）：36–39．
［86］沈霄，王国华，季楚玮．政务微博“蹭热点”现象研究［J］．情报杂志，

2019，38（3）：108–113.
[87] 余云珠. 社会化媒体营销中的品牌拟人化 [J]. 经营与管理，2018（4）：131–134.
[88] 王乐. 科技传播的创新研究——从“月球车玉兔”集成报道看科技传播的路径创新 [J]. 科技传播，2014，6（20）：82–85.
[89] 王法硕，王翔. 大数据时代公共服务智慧化供给研究——以“科普中国 + 百度”战略合作为例 [J]. 情报杂志，2016，35（8）：179–184，191.
[90] 董全超，刘涛，李群，等. 浅析大数据技术对科普工作的推动作用 [J]. 科技创新导报，2017，14（11）：168–170，172.
[91] 贺剑锋. 图书的 4C 营销策略 [J]. 出版广角，2001（10）：43–45.
[92] 白凡. 基于 4C 理论下的全渠道发展策略研究——以良品铺子为例 [J]. 现代商业，2016（29）：17–20.
[93] 刘胜男，唐兴通. 互联网社会学：洞见传媒人的未来——唐兴通和他的“移动互联网时代的新 4C 法则”[J]. 中国传媒科技，2015（4）：48–52，2.
[94] 焦晓洁. 新 4C 社群理论下时尚杂志品牌传播研究 [J]. 现代视听，2016（7）：74–76.
[95] 中国科学院物理所综合处. 科普——物理所的新名片 [J]. 物理，2018，47（5）：297–301.
[96] 唐迪. 自媒体原创视频的传播策略研究 ——以《飞碟说》为例 [J]. 新闻研究导刊，2017（14）：89.
[97] 李飞翔. 浅析科技馆如何利用新媒体进行创新性营销——以厦门科技馆为例 [J]. 自然科学博物馆研究，2017，2（S2）：128–132.
[98] 尹振涛，阎沭杉. 利用众筹模式拓宽科研经费的筹集渠道 [J]. 科学管理研究，2015，33（6）：101–104，120.
[99] 张九庆. 科研众筹对中国科研活动的影响 [J]. 中国科技论坛，2015（4）：1.
[100] 范家琛. 众筹商业模式研究 [J]. 企业经济，2013（8）：72–75.
[101] 关于推动传统媒体和新兴媒体融合发展的指导意见 [J]. 今传媒，2015，23（8）：52.

[102] 新华社评论员. 学习习近平在中央政治局第十二次集体学习时重要讲话：推动媒体融合发展走深走实 [J]. 理论导报，2019（2）：6.
[103] 许颖. 互动·整合·大融合——媒体融合的三个层次 [J]. 国际新闻界，2006（7）：32-36.
[104] 胡正荣. 传统媒体与新兴媒体融合的关键与路径 [J]. 新闻与写作，2015（5）：22-26.
[105] 宋昭勋. 新闻传播学中 Convergence 一词溯源及内涵 [J]. 现代传播，2006（1）：51-53.
[106] 谢广岭. 从问卷调查看现阶段我国信息化科普方式和途径的发展——基于全国 12 个省市的数据 [J]. 科普研究，2016，11（1）：49-55.
[107] 黎海英. 论媒介融合下加强出版选题策划的必然性 [J]. 学术论坛，2012，35（1）：93-96.
[108] 王飒，崔宇红. 学术博客在学科知识交流中的作用分析明 [J]. 现代情报，2013，33（2）：125-133.
[109] 汪维富，钟志贤. 博客社区中好友链接的社会网络分析——以科学网的博客社区为分析案例 [J]. 教育技术 2010（5）：55-59.
[110] 唐琳. 十年坚守以科学的名义 [J]. 科学新闻，2017（2）：6-9.
[111] 向飒. 论网络期刊发展的制约因素 [J]. 郑州大学学报：哲学社会科学版，2003，36（6）：154-156.
[112] 王丽，詹洪春. 学术期刊强化新闻报道和科普作用的意义 [J]. 编辑学报，2013，25（2）：112-114.
[113] 张波. 我国科普期刊研究流变与态势 [J]. 中国科技期刊研究，2018，29（1）：8-13.
[114] 任广乾，汪敏达. 科普体验中的认知、偏好与信念研究 [J]. 科普研究，2011，6（1）：15-21.
[115] 汪霏霏. 以用户思维推进传统媒体转型 [J]. 青年记者，2014（25）：17-18.
[116] 何郑燕. 新媒体环境下期刊创新思维探索——以《知识就是力量》杂志为例 [J]. 新媒体研究，2019，5（4）：73-74.

［117］王大鹏．关于实现科研论文与科学新闻衔接的思考［J］．科技传播，2014（20）：43-62．

［118］张明伟．从论文到新闻——以中国科学报社论文新闻报道为例［J］．科普研究，2018（2）：5-6．

［119］马俊锋，高宏斌．数字时代科普图书的界定分类及统计研究概况［J］．科普研究，2017，12（5）：43-49，57，108-109．

［120］亓北林．AR 图书如何助力全民阅读［J］．兰台世界，2019（3）：109-112．

［121］陈蓓．“出版 +AR”：智媒时代儿童图书出版的优化策略［J］．出版广角，2019（2）：62-64．

［122］童云，周荣庭．改革开放 40 年技术革新下的有声出版图景［J］．出版广角，2018（17）：20-23．

［123］童云，周荣庭．有声读物传播形态与模式研究［J］．出版发行研究，2018（7）：5-7，18．

［124］郭凌云．我国网络广播 APP 的发展现状与传播策略研究——以喜马拉雅 FM 为例［J］．新媒体研究，2018，4（3）：31-32．

［125］尹航．英国医疗养生类广播节目的经验借鉴［J］．视听界，2018（1）：99-102．

［126］李莉．媒介融合背景下电视媒体科普节目的创新对策［J］．科技传播，2017，9（24）：184-185，187．

［127］魏敏扬．DISCOVERY 的成功之道［J］．当代传播，2004（3）：88-89．

［128］宋军彦，李丹．媒体融合视域下科普知识有效传播模式探析——以“果壳网”为例［J］．新闻研究导刊，2018，9（20）：8-10，128．

［129］刘超，郭君，章曼．“互联网 +”时代的网络科普创新思维［J］．龙岩学院学报，2017，35（1）：89-92．

［130］刘志磊．官办与民办科普网站比较分析及启示——以中国科普博览和科学松鼠会为例［J］．科协论坛，2018（7）：29-32．

［131］李珉葶，张健涛，雷耀华，等．基于用户需求的国内植物类科普 APP 影响力分析——以花伴侣 APP 为例［J］．科技传播，2017，9（22）：193-195．

［132］杨晗之．科普 3D 微视频创制及与传统媒体的融合传播［J］．科技与出版，

2017（11）：60-64.

［133］赵玉娜，马俊刚．关于科普微视频设计的若干思考［J］．科普研究，2018，13（4）：5-10，104.

［134］肖雅．原创视频的自媒体传播策略——以《飞碟说》为例［J］．传媒，2015（17）：48-50.

［135］秦晨菲，聂馥玲．科幻电影，放大的现实——科幻电影进行科学传播的可能性分析［J］．科普研究，2017，12（5）：36-42，108.

［136］王一鸣．科幻电影、创新及科普［J］．科技导报，2013，31（23）：84.

［137］鲍雪莹，赵宇翔．游戏化学习的研究进展及展望［J］．电化教育研究，2015，36（8）：45-52.

［138］纪婷婷，邓欢，马静，等．流动儿童的角色认同及其与自尊的关系［J］．贵州师范大学学报：自然科学版，2012，30（3）：31-36.

［139］张金磊，张宝辉．游戏化学习理念在翻转课堂教学中的应用研究［J］．远程教育杂志，2013，31（1）：73-78.

［140］谢起慧．我国科普场馆建设的现状与思考［J］．海峡科学，2012（3）：92-94.

［141］何依宁．新媒体时代故宫博物院的品牌文化传播路径分析［J］．新媒体研究，2019，5（4）：54-56.

［142］辛兵．我国科普场馆教育的“地平线”——《新媒体联盟地平线报告》（博物馆版）的启发［J］．现代教育技术，2015，25（3）：5-10.

［143］甘玉珏，苏军根，林健，等．智能语音产品现状及展望［J］．广东通信技术，2017，37（12）：66-68.

［144］劳汉生．我国科普文化产业发展战略框架研究［J］．科学学研究，2005（2）：213-219.

［145］任福君，张义忠，刘萱．科普产业发展若干问题的研究［J］．科普研究，2011，6（3）：5-13.

［146］周建强．安徽省科普产业发展调研报告［J］．科协论坛，2015（2）：40-43.

［147］王康友，郑念，王丽慧．我国科普产业发展现状研究［J］．科普研究，2018，13（3）：5-11，105.

［148］洪黎民. 共生概念发展的历史、现状及展望［J］. 中国微生态学杂志，1996（4）：50–54.

［149］吴钊. 数字出版产业研究的生态学维度——基于共生理论［J］. 出版发行研究，2015（7）：5–9.

［150］胡晓鹏. 产业共生：理论界定及其内在机理［J］. 中国工业经济，2008（9）：118–128.

［151］翟杰全. 科技传播研究与其基本方向［J］. 科学管理研究，1999（3）：68–70.

［152］毛刚，贾志雷，马卓. Web2. 0环境下的科学传播技术及应用［J］. 科普研究，2012，7（6）：54–59，70.

［153］李武，刘兹恒. 一种全新的学术出版模式：开放存取出版模式探析［J］. 中国图书馆学报，2004（6）：67–70.

［154］中国科普产学研创新联盟. 新时代 新平台 新科普——中国科普产学研创新联盟在京成立［J］. 中国科技产业，2018（6）：56–57.

［155］中国工程科技发展战略研究院. 中国数字创意产业发展现状、机遇与挑战［J］. 科技中国，2017（4）：29–37.

［156］王博，张刚. 中国数字创意产业发展研究——基于产业链视角［J］. 中国物价，2018（3）：25–27.

［157］汤永川，刘曦卉，王振中，等. 数字创意产业向其他产业无边界渗透［J］. 中国战略新兴产业，2017（9）：70–74.

［158］张振翼，陈洪，张静，等. 数字创意产业：内容是核心动力 没有硬件的内容是纸上谈兵［J］. 中国战略新兴产业，2018（33）：67–69.

［159］周荣庭，潘琳. 科普产业园发展及对策研究——以安徽芜湖为例［J］. 科普研究，2012，7（3）：60–63，96.

［160］周建强. 安徽省科普产业发展调研报告［J］. 科协论坛，2015（2）：40–43.

［161］北京字节跳动科技有限公司，清华大学新闻与传播学院，中国科学报社. 知识的普惠：短视频与知识传播研究报告［R/OL］.（2018–12–08）［2019–04–11］. http://www.csd.cas.cn/xinwen/zxdt/201901/t20190111_4545807.html.

［162］朱齐中. “产学研用”一体化“科普产业”谱新篇［N］. 安徽经济报，

2013-11-18（3）.

［163］习近平．为建设世界科技强国而奋斗——在全国科技创新大会、两院院士大会、中国科协第九次全国代表大会上的讲话［EB/OL］.（2018-12-19）［2016-05-31］．http://news.xinhuanet.com/politics/2016-05/31/c_1118965169.htm.

［164］中共中央办公厅，国务院办公厅．2006—2020 年国家信息化发展战略［EB/OL］.（2006-05-08）［2019-02-19］．http://www.chinanews.com/news/2006/2006-05-08/8/726880．shtml.

［165］中共中央办公厅，国务院办公厅．国家信息化发展战略纲要［EB/OL］.（2016-07-27）［ 2019-01-30］．http://news.xinhuanet.com/fortune/2016-07/27/c_1119291902_2.htm.

［166］国务院办公厅．关于印发全民科学素质行动计划纲要实施方案（2016—2020 年）的通知．［EB/OL］.（2016-03-15）［ 2019-02-19］. http://www.stats.gov.cn/wzgl/ywsd/201603/t20160315_1331000.html.

［167］李源潮．加快推进科普信息化建设［EB/OL］.（2015-11-17）［2019-02-25］. http://news.xinhuanet.com/politics/2015-11/17/c_1117173662.htm.

［168］国务院办公厅．全民科学素质行动计划纲要（2006—2010—2020 年）［EB/OL］.（2006-03-20）［ 2019-02-19］．http://www.gov.cn/jrzg/2006-03/20/content_231610.htm.

［169］中国科学技术协会．中国科协科普人才发展规划纲要（2016—2020 年）［J］. 科协论坛，2016（7）：4-9.

［170］国科学技术协会．中国网民科普需求搜索行为报告（2019 年第一季度）［EB/OL］.（2019-04-26）［2019-05-30］．http://www.cast.org.cn/art/2019/4/26/art_1281_94546.html.

［171］NASA Kids' Club. Info for Parents，Teachers and Caregivers［EB/OL］.［2019-02-20］．https://www.nasa.gov/kidsclub/text/extras/Game_Descriptions_National_Standards.html.